禽畜用皖西北药用植物资源

主　编　刘小丽

副主编　兰　伟

编　委　崔亚东　金继良　蔡　健

　　　　孟婷婷　李天赐　任蕾谕

　　　　李文强　王　丽　李　会

U0259052

中国科学技术大学出版社

内 容 简 介

安徽省西北部,主要是阜阳、亳州等地区,地质条件优越,土壤肥沃,中药材品种繁多。本书通过对可用于饲料的药用植物进行标本采集,查阅相关文献和书籍,结合实地考察和市场调查,整合汇总了皖西北地区药用植物饲料资源的基本情况,分类汇集了皖西北禽畜用药用植物(总计49科115种),归纳出其形态特征、产地、成分、用药部位、性味、作用效果、应用研究、原生图片等,总结了皖西北药用植物资源分布特点,为今后科学保护和合理利用植物饲料资源提供一定的理论依据。

本书适合从事中草药种植、生产、研究、应用、家禽和家畜养殖等农业技术人员,食品、药品开发人员,以及相关科研人员参考使用;也可供生物学、药学等相关专业的师生作为教学参考书或工具书使用。

图书在版编目(CIP)数据

禽畜用皖西北药用植物资源/刘小丽主编.—合肥:中国科学技术大学出版社, 2024.4

ISBN 978-7-312-05835-6

Ⅰ.禽… Ⅱ.刘… Ⅲ.家禽—植物药—植物资源 Ⅳ.S853.7

中国国家版本馆 CIP 数据核字(2023)第 253646 号

禽畜用皖西北药用植物资源

QIN-CHU YONG WAN XIBEI YAOYONG ZHIWU ZIYUAN

出版	中国科学技术大学出版社
	安徽省合肥市金寨路 96 号,230026
	http://press.ustc.edu.cn
	https://zgkxjsdxcbs.tmall.com
印刷	合肥市宏基印刷有限公司
发行	中国科学技术大学出版社
开本	710 mm×1000 mm 1/16
印张	12.75
字数	257 千
版次	2024 年 4 月第 1 版
印次	2024 年 4 月第 1 次印刷
定价	78.00 元

前　　言

　　安徽阜阳、亳州等地区,地质条件优越,土壤肥沃,中药材品种繁多。近年来,阜阳市加强野生中药材资源保护,推进大宗优质中药材生产基地建设,大力发展中药材加工产业,促进中药材技术研究、科技创新,持续实施"绿色加道地"中药材品牌建设,建立中药材现代物流体系,推动中药材生产技术服务网络体系建设。

　　亳州市是闻名全国的中医药之都,当地的中药材种植、加工、贸易有1800多年的历史,建有全国规模最大的中药材交易中心。亳州的药材种植面积已突破7万公顷,400多个品种,在《中华人民共和国药典》中冠以"亳"字的就有亳芍、亳菊、亳桑皮、亳花粉。

　　本书由阜阳师范大学师生编撰完成,主要通过对可用于畜禽饲料的皖西北药用植物进行标本采集,查阅相关文献和书籍,结合实地考察和市场调查,整合汇总了皖西北地区药用植物饲料资源的基本情况,分类汇集了皖西北禽畜药用植物(共49科115种),并归纳出其形态特征、应用研究、原生图片等,总结了皖西北药用植物资源分布特点,为今后科学保护和合理利用植物饲料资源提供一定的理论依据,同时有利于传播中药知识,弘扬中华优秀传统文化。

　　本书的编写和出版得到以下基金项目支持:阜阳师范大学承接阜阳市科技专项经费市校合作项目(SXHZ2020007),安徽省教育厅自然科学研究重点项目(KJ2020A0545),安徽省省级一流线上线下混合式课程建设项目(2021xsxxkc211),安徽省省级一流线下课程建设项目(2020kfkc383),安徽省新时代育人质量工程项目(研究生教育)"省级研究生全英文/双语示范课程"(2022qyw/sysfkc037)，生物与医药安徽省应用型高峰培育学科(立项文件：皖教秘科〔2023〕13号)。

　　本书在编写过程中得到了中国科学院亚热带农业生态研究所孔祥峰研究员、阜阳师范大学董金廷老师的指导以及安徽金牧饲料有限公司的支持。阜阳师范大学硕士研究生陈雅楠、董雨和本科生杨永超等参与了资料查找、整理及图片修整等工作，在此一并感谢！尽管我们很努力，但由于编者水平有限，加之时间仓促，书中难免有不足之处，恳请读者批评指正。

编　者

2023 年 10 月

目　　录

绪　　论

一、研究背景

安徽西北地区的阜阳市和亳州市是粮食、农产品以及中草药的主要产地。其中亳州是目前全国最大的中草药集中和种植的形成中心。安徽西北地区地处平原地势，阳光资源充足，先天条件优越，适宜种植多种药用植物，例如，牛膝、桔梗等特色药用植物药材，在全国各地都有销售。同时在《中华人民共和国药典》上，以安徽地级市命名的中草药的数量较多，如亳菊、亳芍、铜丹皮等。可见，皖西北地区有丰富的药用植物资源。

为响应国家号召，不断推进高质量发展，实现可持续循环发展，可将相关药用植物加入家禽家畜的饮食中，减少药物激素等的使用，提高家禽家畜的体质，降低对人体健康的危害。例如，长期食用含过量抗生素的动物性食品，会影响人体对钙的吸收，造成内分泌紊乱、容易肥胖、免疫力降低，严重的甚至会出现慢性中毒现象，导致皮肤瘙痒、荨麻疹等疾病。现如今，一些养殖场为了供应足够量的禽畜类产品，会大量使用激素，以达到增产的目的。如果不对养殖场的这类行为进行遏制，那么随着激素的进一步使用，激素禽畜类和速成禽畜类将会遍布人们的日常生活中，对个体的身体健康造成严重危害。

通过走访相关市场，笔者了解到家禽普遍会在特定时期感染相关疾病。研究发现，药用植物具有一定的治疗作用，尤其对于家禽疾病的防治有一定的疗效，若将中草药加入饲料之中，能改善家禽产卵和体质水平，但是由于缺乏相关系统性的资源整合的知识，很多养殖场无法直接利用药用植物来治疗，因此限制了家禽产业的发展。伴随着养殖业和家禽饲料工业的发展，饲料的价格不断上涨，家禽饲养原料的供求矛盾进一步加剧，而应用药用植物可拓宽饲料来源，在一定程度上可以解决供需矛盾。

笔者在前期的调查中发现，目前关于对皖西北地区禽畜用植物的种类汇总、种植条件、成分分析和应用等方面的研究均存在一定的空缺。皖西北地区的养殖场普遍缺乏关于药用植物饲料的系统专业知识,目前并没有针对药用植物饲料资源的系统调查。由于缺少对皖西北地区的禽畜用药用植物资源的整合、调查,因此不利于相关药用植物的种植和开发利用。综上,对药用植物种植条件、产地、应用价值等方面的研究,可针对性地进行规划。然而对部分的药用植物存在某种程度上的过度开发,只以经济效益为目的,导致部分物种濒危。除此之外,药用饲料植物的使用具有不污染环境、病虫不易产生抗药性、对人体危害小的优点。试验表明,在饲料中添加"旺发"药用植物复合饲料添加剂能明显提高猪的日增重量,改善猪的生产性能和饲料利用率,以及改善和增强禽畜类产品质量。因此收集和统计药用饲料植物对养殖方面具有重要意义。

综上所述,根据资源汇总的结果进行合理规划,调整种植规模和拓宽应用途径,对相对缺乏的物种制定针对性保护措施,有利于实现生态和经济的平衡发展。

二、研究目的与意义

(一)研究目的

皖西北地区地处淮河以北,主体地势比较平坦,以平原为主,有广阔的种植面积。其中淮北平原主要包括阜阳、亳州、宿州等城市,土地面积广阔,耕地面积达37.8%,处于暖温带地区,气候四季明显,雨量适中,适宜种植中草药,光能资源丰富,森林植被种类繁多,中草药材种植面积大。第三次中草药资源普查数据显示,安徽共有药材资源2508种,药用植物250科2167种。其中,中草药资源种类最为丰富的当属皖西北地区。

随着我国家禽产业的不断发展,家禽饲料原材料的价格不断上升,在要求开源节流以及优化饲料资源配置的前提之下,要坚持科技创新,减少生产耗损,加强对药用植物饲料资源的利用。通过对家禽养殖问题的调查,发现家禽产卵量低、体重质量低、体质水平低是普遍存在的问题;面对预防禽流感等问题时,我国大部分的家禽产业直接通过注射防治家禽病害的激素和喂养专用的添加剂的方式来进行治疗。因此,人类在摄入家禽的肉、蛋、奶等时,也会摄入激素和有害物质,并对整个自然环境的生态循环有一定程度的危害,产生不良的影响。如果能够合理地将禽畜用的药用植物应用于饲料中,不仅能够减少激素和有害物质对人类健康的危害,还能减少对环境的破坏,促进生态平衡。

皖西北地区民众虽然具有应用药用植物的意识,但是由于缺乏对药用植物的深入了解,存在不清楚药物针对性的效果、用药部位的具体处理等问题。即便他们找到合适的药用植物资源作为饲料,却不知如何合理地开发利用当地物种的数量,甚至有可能导致某些物种遭到不同程度的破坏。因此,汇总和整理皖西北禽畜药用植物资源,明确每种药物的作用效果,不仅能方便更多的人参考借鉴,还能合理开发药用植物资源并用于生产实践之中,从而带动我国家禽家畜产业的经济发展。

通过整理皖西北禽畜药用植物资源,可以有针对性地保护稀缺品种,适时调整药用植物的种植规模,加强对部分品种的保护工作,进一步促进皖西北地区的生态平衡和物质循环,并有望推动皖地区乃至全国的家禽产业的经济发展,以及在合理开发的前提下,正确有效地运用于实践。可见,针对皖西北禽畜药用植物资源的调查,不仅是生态物种保护的必由之路,也是合理开发、利用药用植物资源并促进家禽家畜产业发展的必由之路。

（二）研究意义

药用植物的应用是我国中医药发展的主要方向,尤其是药用被子植物在所有药用植物类型中所占比例较大。药用植物不仅在医药方面价值巨大,而且对相关的生态、经济方面都起到重要的作用。本次皖西北药用植物资源调查距离上次调查已经过去很久,用于家禽家畜饲料的药用植物的资源品种、生长环境、数量等都发生了很大的变化。本次对皖西北地区禽畜药用植物资源的调查采用多维度方式,进而所得的结果也更有针对性,更有利于对相关药用植物的资源进行保护。

通过较为完善的整合,具体介绍用药部位、用量、作用分析等,能够指导更多人根据汇总结果将药用植物加入家禽家畜的饮食中,提高家禽的产卵量,增强家禽家畜的体质。通过对皖西北禽畜药用植物资源的调查,能详细了解可利用的植物特性,促进其合理开发,保护当地生态的可持续发展,并进一步带动当地的经济发展,也能够促进当地种植产业的合理种植。

三、研究现状

中草药的应用最先起源于中国,国外对中草药的研究和应用相对于中国来说是非常晚的,不过近年来,欧盟的多个国家对将中草药用作饲料或者饲料添加剂这一做法越来越重视,一些国家甚至已经对中草药的应用制定了专门的法律和相关标准。但是由于原材料和一些其他限制原因,西方国家对我国的中草药资源统计没有全面地展开,关于皖西北地区可以用于饲料的植物统计也并未展开。

在现代医学高速发展的背景下,中草药也开始从中国走向世界。南非、伊拉克等国家对中草药的研究处于起步阶段,尚没有相关的法律对此方面进行保护;而波兰、巴西等国家则对中草药的接受程度较高,承认了中草药在医学和饲料添加剂方面的作用,并且出台了相关的法律。其他国家也开始扭转对中草药的观念,开始将现代科学的理论和方法应用到对中草药的研究上。在德国,如果是已被证明为安全的中草药（植物药或提取物）,只要有一定的药效即准许其在市场销售[8]。

近年来,我国地方区域化植物名录的编写、收集工作逐渐受到更多学者的关注。除了世界瞩目的《中国植物志》（共 80 卷 125 分册,目前已出版 50 多卷册）外,地方植物志的编写、收集工作也取得了一定的进展。但是,对于皖西北地区的药用植物的收集汇总、合理开发及利用、物种来源进化的论述存在一定的不足，使读者无法系统地了解当地的特色药用植物及其药用价值。为此，本书整理汇了有关皖西北药用植物种类的名称（学名、通用名和别名）、形态特征、地理分布、生态习性、经济用途等物种基本信息，并设有分科、分属和分种检索表以及科、属说明和插图、药用价值等。

总的来说，近年来随着我国经济快速发展和人民生活水平提高，中医药产业也处于快速发展期，我国中药资源的需求量、蕴藏量以及主产区分布等方面均已发生了重大变化，对安徽西北地区药用植物资源进行系统地调查与分析，旨在摸清区域内药用资源的家底，有利于制定药用资源管理、保护及合理开发总体规划，有利于促进皖西北禽畜用中药资源的可持续发展。

四、发展趋势

随着现代化工业科技的飞速发展，养殖业和饲料生产工业的发展速度也日益加快，养殖业的增长不可避免地使饲料的供应矛盾进一步加剧，从而导致饲料的原材料价格不断上升。为了减少饲料的原材料成本，一些养殖场可能会在家畜使用的饲料中添加大量的化学添加剂和其他可刺激家畜快速生长的化学物质，以求减少家畜的生长周期，减少养殖成本。而这些添加在饲料中的化学物质会经过自然界的食物链最终在人体中不断积累，并对人体造成不良影响。与这些人工合成的化学添加剂和激素相比，中草药作为天然的植物类药，具有多功能性、价格低、容易种植等优点，且其成分在家禽家畜体内积累，通过食物链传递进入人体，不会干扰人体正常生长发育，所以用中草药代替人工合成的化学添加剂和生成激素具有很强的安全性，也非常符合人们追求绿色食品和健康消费的现代理念。

中草药的应用范围还在不断扩大，中草药除了用于家畜的饲料添加剂之外，还应用于水产品的饲料添加剂。例如，复方中草药制剂对黄颡鱼的溶酶菌活力和吞噬活性影响极显著，能显著提高血清溶酶活性、生长性能、血细胞的吞噬活性。有一部分中草药已经开始广泛应用于我们的日常生活之中，如亳州参照卫生部药食同源目录，挖掘中药养生保健资源，开发"药都"健康养生食品、养生药膳系列。还有一些中草药进入了国际市场，其应用发展形势较好，市场发展前景非常广阔。

五、内容与方法

（一）研究内容

主要对皖西北地区药用植物饲料资源进行调查，获取相关药用植物数据信息，通过对用于家禽家畜的药用植物的生长环境、品种分类、分布范围及用药部位、应用价值等方面的收集和调查，对所汇总的植物进一步整理归纳；通过了解家禽市场对药用植物应用于饲料的使用情况，针对性地阐述药用植物用于家禽产卵量提高和体质水平提升的作用。通过汇总相关药物种类,对当地的生物物种进行合理的开发利用和保护,能有效地对土地进行最大化、最优化的利用,促进生态发展和经济发展两方面的平衡。

临床研究表明,相较于其他加工法而言,烘干加工法对中草药有效成分的影响比较小,因为此方法用时比较短,且能够保持良好的外观与色泽。随着现代化养殖业的发展速度不断加快,养殖场对饲料的需求量迅速增加,因此作为饲料或者饲料添加剂的中草药的需求量将会极大增加。这就要求用来作为饲料或者饲料添加剂的中草药容易存活,可以大规模种植,而且在加工的过程中消耗的成本要低。笔者对植物的统计内容包括该种中草药常见的种植地区、简单的加工方式、含有的一般成分、对所养殖的家畜的药理功效和用量及其在与其他中药配合方面对家畜或家禽的应用研究。

(二)研究方法

1. 实地考察

对皖西北地区,主要是亳州和阜阳等城市的药用植物饲料的药材进行实地考察,其方式是通过与亳州当地种植园区和中草药售卖中心联系,了解当地及周边地区中草药的大致情况,再进入亳州药材大市场等地,明确当前的药用植物的来源和去向,进一步剖析研究药用植物的种植条件和用药部位等,并收集相关植物原生图片、用药图片,采集特色的植物作为标本。

2. 市场走访

通过市场走访,进一步了解家禽产业的发展,找出家禽产业普遍存在的问题。通过询问当地家禽企业发现,目前更多企业的关注度都普遍集中于改善产卵、羽毛和家禽体质水平;同时了解到家禽的饲料主要由玉米、粗蛋白、小麦面筋、豆饼等构成。通过走访发现,目前也会有一定的药用植物投入使用,例如在蛋鸡日粮中加入20%~30%的胡萝卜,能使蛋黄颜色变得明显。在了解当前产业发展的前景下,进一步了解药用植物在此方面的应用。与此同时,通过调查分析饲料生产企业和禽类养殖企业发现,目前使用的植物种类并不多,希望通过本研究,能推广药用植物的应用范围,提高企业对此类植物的认可度。

3. 书籍文献参考

相关参考书借以何家庆 2000 年 7 月在中国农业出版社出版的《皖北资源植物志》、胡元亮 2006 年 12 月在化学工业出版社出版的《中国饲料添加剂的开发与应用》、国家药典委员会 2020 年出版的《中华人民共和国药典》为主,进一步对药用被子植物饲料资源信息进行整合汇总。通过对药用植物的进行实地原生图片采集并将其种类进行归纳,再按照不同科进行具体分类。

最后参考植物科学数据中心公布的信息,补充完善具体的药理、用量、产地、性味、成分、应用研究、种植条件、分布区域、作用效果等。通过多维度的详细阐述，使研究内容更为全面，提高本书的实用性，对促进当地合理开发和种植药用植物，保护当地生态平衡和经济发展具有重要意义。

六、结果与分析

（一）汇总结果

本书将所有在安徽西北地区符合条件的药用饲料植物信息统一收集并按照门、纲、亚纲、科进行了划分，记录了该种中草药形态特征、常见的种植地区，简单的加工方式，含有的成分、药理功效、用量以及与其他中药配合方面对家畜的应用研究，包括植物全株的图片、药用部位的图片以及特征部位的图片等。

本书统计的植物共计 49 科 115 种，主要如下：

1. 蕨类植物门和裸子植物门

鳞毛蕨科 Dryopteridaceae（贯众 *Cyrtomium fortunei* J. Sm.）、松科 Pinaceae（马尾松 *Pinus massoniana* Lamb.）、柏科 Cupressaceae（侧柏 *Platycladus orientalis* (L.) Franco.）。

2. 被子植物门双子叶植物纲

（1）离瓣花亚纲。

苋科 Amaranthaceae（鸡冠花 *Celosia cristata* L.）、桑科 Moraceae［桑 *Morus alba* L.、葎草 *Humuluss candes*（Lour.）Merr.、桑 *Morus alba* L.、大麻 *Cannabis sativa* L.］、蓼科 Polygonaceae（辣蓼 *Herba polygoni*、萹蓄 *Polygonuma viculare* L.、何首乌 *Polygonummulti florum* Thunb、大黄 *Rheum palmatum* L.）、榆科 Ulmaceae（大果榆 *Umusma crocarpa* Hance）、楝科 Meliaceae（苦楝 *Meliaaze datach* L.）、鼠李科 Rhamnaceae［枣 *Ziziphus jujuba* Mill.、酸枣 *Ziziphus jujuba* Mill. var. *spinosa*（Bunge）Hu ex H. F. Chow.］、葫芦科 Cucurbitaceae（南瓜 *Cucurbita moschata* Duch.）、石榴科 Punicaceae（石榴 *Punica granatum* L.）、柳叶菜科 Onagraceae（月见草 *Oenothera binennis* L.）、山茱萸科 Cornaceae（山茱萸 *Cornus officinalis*）、伞形科 Umbelliferae［胡萝卜 *Daucus carota* L. var. *sativa* DC.、小茴香 *Foeniculum vulgare* Mill.、防风 *Saposhnikovia divaricate*（Turez.）Schischk.、柴胡 *Bupleurum chinensis* DC.、蛇床 *Cnidiummon nieri*（L.）Cusson.、川芎 *Ligusticum wallichii* Franch］、五加科 Araliaceae（五加 *Acanthopanax gracilistylus* W. W. Smith）、毛茛科 Ranunculaceae［芍药 *Paeonia lactiflora* Pall.、牡丹 *Paeonia suffruticosa* Andr.、白头翁 *Pulsatilla chinensis*（Bge.）Reg.、黄连 *Coptis chinensis* Franch.］、蔷薇科 Rosaceae［枇杷 *Eriobotrya japonica*（Thunb.）Lindl.、木瓜 *Chaenomeles lagenaria*（Loisel.）Koidz、地榆 *Sanguisor-*

ba officinalis L.、梅 *Armeniaca mume*（Sieb.）Sieb. et Zucc.、龙芽草 *Agrimonia pilosa* Ledeb.、山楂 *Crataegus pinnatifida* Bge.、桃 *Prunus persica*（L.）Batsc,杏 *Prunus armeniaca* L.]、豆科 Leguminosae[合欢 *Albizia julibrissin* Durazz.、决明 *Cassia obtusifolia* L.、落花生 *Arachis hypogaea* Linn、补骨脂 *Psoralea corylifolia* Linn.、胡芦巴 *Trigonella foenum-graecum* L.、扁豆 *Lablab purpureus*（L.）Sweet、紫苜蓿 *Medicago sativa* L.、绿豆 *Vigna radiata*（L.）、甘草 *Glycyrrhi zauralensis* Fisch.、苦参 *Sophora flavescens* Ait.、野葛 *Pueraria lobata*（Willd.）Ohwi、赤小豆 *Vigna umbellata*（Thunb.）Ohwi et Ohashi、黄芪 *Astragalus membranaceus*（Fisch.）Bge.]、蒺藜科 Zygophyllaceae（蒺藜 *Tribulus terrestris* L.）、芸香科 Rutaceae（黄柏 *Phellodendron amurense* Rupr.、橘 *Citrus reticulata* Blanco）、堇菜科 Violaceae（紫花地丁 *Violaye doensis* Mak.）、马齿苋科 Portulacaceae（马齿苋 *Portulaceo leracea* L.）、睡莲科 Nymphaeaceae（莲 *Nelumbo nucifera* Gaertn.）、十字花科 Brassicaceae（莱菔 *Raphanus sativus* L.）、杜仲科 Eucommiaceae（杜仲 *Eucommiaul moides* Oliv.）、亚麻科 Linaceae（亚麻 *Linum usitatissimum* L.）。

（2）合瓣花亚纲。

木犀科 Oleaceae[白蜡树 *Fraxinus rhynchophylla* Hance.,连翘 *Forsythia suspense*（Thunb.）Vahl.、女贞 *Ligustrum lucidum* Ait.]、龙胆科 Gentianaceae（龙胆 *Gentiana scabra* Bge.）、萝藦科 Asclepiadaceae[徐长卿 *Cymanchum paniculaturn*（Bunge）Kitagawa]、茜草科 Rubiaceae（栀子 *Gardenia jasminoides* Ellis.）、旋花科 Convolvulaceae（菟丝子 *Cuscuta chinensis* Lam.）、马鞭草科 Verbenaceae（马鞭草 *Verbena officinalis* L.）、唇形科 Labiatae（Lamiaceae）[黄荆 *Vitex negundo* L.、泽兰 *Lycopus lucidus* Turcz. var. hirtus Regel.、丹参 *Salvia mitiorrhiza* Bge.裂叶荆芥 *Schizonepeta tenuifolia*（Benth.）Briq.、薄荷 *Schizonepeta tenuifolia*（Benth.）Briq.、紫苏 *Perilla frutescens*（L.）Britt.、益母草 *Leonurus heterophyllus* Sweet、黄芩 *Scutellaria baicalensis* Georgi.、藿香 *Agastache rugosa*（Fisch. et Mey.）O. Ktze.]、茄科 Solanaceae（枸杞 *Lycium chinense* Mill.、辣椒 *Copsicum nannuum* L.）、玄参科 Scrophulariaceae[玄参 *Scrophularia ningpoensis* Hemsl.、泡桐 *Paulownia fortunei*（seem）Hemsl.、熟地 *Rehmannia glutinosa*（Gaertn.）Libasch.]、爵床科 Acanthaceae[穿心莲 *Andrographis paniculata*（Burm.f.）Nees.]、胡麻科 Pedaliaceae（脂麻 *Sesamum indicum* L.）、车前科 Plantaginaceae（平车前 *Plantago depressa* Willd.、车前 *Plantagoasiatica* Linn.、大车前 *Plantagomajor* Linn.）、忍冬科 Caprifoliaceae（金银花 *Lonicera japonica* Thunb.）、川续断科 Dipsacaceae（续断 *Dipsacus japonicus* Miq.）、桔梗科 Campanulaceae[桔梗 *Platycodon grandiflorus*（Jacq.）A.DC.,党

参 *Codonopsis pilosula*（Franch.）Nannf.]、菊科 Asteraceae[天名精 *Carpesium abrotanoides* L.、向日葵 *Helianthus annuus* L.、鳢肠 *Eclipta prostrata* L.、石胡荽 *Centipeda minima*（L.）A.Br.et Aschers、艾 *Artemisia argyi* Levl.et Vant.、千里光 *Senecio scandens* Buch.-Ham.、青蒿 *Artemisia apiacea* Hance.、菊 *Chrysanthemum morifolium* Ramat.、白术 *Atractylodes macrocephala* Koidz.、红花 *Carhtamus tinctorius* Linn.、蒲公英 *Taraxacum mongolicum* Hand.-Mazz.]。

3.被子植物门单子叶植物纲

泽泻科 Alismataceae（泽泻 *Alisma plantago-aquatica* L.var. *orientale* Samuels.）、百合科 Liliaceae（芦荟 *Aloe saponaria* Haw.、黄精 *Polygonatum sibiricum* Red-oute、韭菜 *Allium tuberosum* Rottl. ex Spreng.、大蒜 *Allium sativum* L.、百合 *Lilium brownii* F. E. Brown var. *viridulum* Baker、麦冬 *Ophiopogon japonicus* Ker-Garl.、川贝母 *Fritillaria cirrhosa* D. Don）、百部科 Stemonaceae（直立百部 *Stemona sessilifolia*（Miq.）Franch. et Savat）、禾本科 Gramineae（大麦 *Hordeum vulgare* Lnn.）、莎草科 Cyperaceae（莎草 *Cyperus rotundus* L.）、天南星科 Araceae（石菖蒲 *Acorus tatarinowii* Schott）、姜科 Zingiberaceae（姜 *Zingiber officinale* Rosc.）。

（二）汇总分析

通过对上述49科115种禽畜用药用植物研究发现,能应用于家禽的药用植物的品种数目稀缺,家禽产业的投入实践的量占比更少,说明要加强这一方面的宣传和专业知识的普及,让更多人了解具体每株植物的用药部位和针对治疗作用;要促进禽畜用植物最大化的投入使用,带动家禽家畜产业的进一步发展。

根据汇总药用植物的种植条件,协助皖西北地区药用植物的种植以及促进家禽产卵和体重质量增长的植物的种植。例如,扩大酸枣仁、党参、小茴香、白扁豆等的种植面积,带动当地种植业的合理发展。

当前对家禽被子植物的保护工作刻不容缓,皖西北地区仅有115种植物能够进行研究开发,必须加强皖西北地区人民保护药用植物的意识,制定相关的政策等。

七、讨论与结论

通过汇总调研结果,结合相关书籍、文献,笔者发现以下问题:

（1）药用植物的种类和数目很多,但是针对家禽家畜相关植物的数量十分有限,并且皖西北地区禽畜用药用植物的数目较为稀缺,受到的关注度低。

（2）普遍存在不合理开发利用、过度开发现象,保护药用植物的意识缺乏。在研究过程中发现,存在过度开发的问题,例如,对人参等特色药用植物进行大规模种植和开发利用,缺乏可持续发展的理念,单纯只考虑当前的经济效益,不考虑未来的前景。

(3) 药用植物用于家禽家畜饲料来防治疾病的实践少或不合理使用。研究发现,目前在家禽饲料中对加入药用植物的举措少,普遍使用人工合成药物去治疗家禽畜疾病,导致家禽家畜产生有害物质积累,进而危害人类身体健康;或虽然使用药用植物,但是仍存在用药药量不合理、用药部位不正确等问题,亟须进行调整。

本书收集的植物统计资料可以帮助皖西北地区的养殖公司培育出更好的肉质产品,提高家禽类的产卵率,减少家禽的疾病,增强家畜的食欲,在保证肉质的基础上使它们快速增重和生长,从而大幅度提高养殖公司的产品质量。天然中草药成分复杂,含有许多生物活性物质,如生物碱、多糖等,对其合理使用可以相互协调,具有增强免疫力、提高抗病力、促进动物生长等多重功效。实验表明,复方中草药添加剂确实能在不同程度上提高泰和乌骨鸡肌肉中酪氨酸酶的活力,从而促进黑色素的合成,可以有效地防治家禽疾病,提高养殖效率,提高家禽的质量,降低养殖成本。

现在的养殖公司对家禽和家畜的养殖大多是通过使用化学激素来使它们快速达到贩卖的要求,但是通过此种方法得到的产品质量并不高,这类产品中含有大量的激素,长期食用会对人体健康造成一定的影响。本书的研究则可以帮助这些养殖公司很好地解决这个问题。天然的药用饲料植物既可以改善家禽的肉类品质,又可以使家禽快速增重和生长,如提高白羽鸡的生长速度和肉质风味。研究表明,通过专家品尝,从气味、滋味、汤味和多汁性等方面评价不同喂养方式对白羽肉鸡的肉质风味的影响,得出中草药饲喂组在适口性方面优于抗生素组。药用饲料大幅提高了养殖公司的产品质量,且成本增加较少,可谓是一举两得。经过实地调查和研究,发现在皖西北地区的养殖公司数量可观,而且在养殖过程中很少使用药用饲料,因而本书的研究具有一定的现实意义。除此之外,亳州作为药都之一,本研究可以帮助养殖公司快速获得需要的药用植物,进一步帮助企业拓展市场。

八、展望

当前,皖西北的部分地区存在过度采挖野生药材现象,造成药用植物资源的蕴藏量急剧下降。例如,对北柴胡等一些药材的过度采挖,不仅破坏了土壤结构,还导致草场的退化。在国家政策的号召下,当地不断推进退耕还林,对相关原有的药用植物有所保护,但还是会影响部分植物的数量。生态保护和开发利用,应该是相辅相成、缺一不可的。

将药用植物加入家禽家畜的养殖中,不仅能够防治禽流感等的出现,还能够增强家禽家畜的体质水平。家禽家畜产业不能一味地考虑经济效益,更要考虑长远的可持续发展,通过科学养殖,带动经济发展。

第一章　蕨类植物门及裸子植物门

1. 鳞毛蕨科 Dryopteridaceae

贯众

中药贯众为鳞毛蕨科植物贯众（*Cyrtomium fortunei* J. Sm.）带叶柄基部的干燥根茎。产于华北西南部，陕甘南部，东南沿海，华中、华南至西南东部区域，日本，朝鲜南部，越南北部，泰国。春秋采挖，削去叶柄、须根，除净泥土，晒干。切片生用或炒炭用。

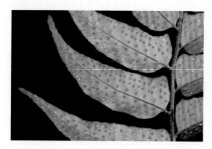

图 1-1　贯众

◆ 形态特征

生活型：陆生直立蕨类。

株：植株高 25～70 cm。

茎：根茎粗短，直立或斜生，连同叶柄基部密被宽卵形棕色大鳞片。

叶：叶簇生，叶柄禾秆色，叶片长圆状披针形，奇数一回羽状，侧生羽片披针形，小羽片呈镰刀形，基部楔形，顶生羽片窄卵形，下部有时具 1～2 浅裂片；羽状脉，侧脉联结呈网状；叶纸质，两面光滑。

孢子囊：孢子囊群圆形，背生内藏小脉中部或近顶端；盾状囊群盖圆形，大而全缘。

果：孢子囊群圆形，背生内藏小脉中部或近顶端；囊群盖圆形，盾状，大而全缘。

◆ 性味、归经

苦,寒。有小毒。入肝、胃经。

◆ 功效

杀虫,清热解毒。

◆ 成分

根茎含蜕皮甾酮(ecdysterone)、少量绵马酸(filicin)和新绵马酸以及脂肪酸,其中以花生四烯酸为主。另外,还含黄绵马酸、白绵马素、东北贯众素、里白烯、铁线蕨酮等化学成分。

◆ 药理

具有驱虫、抗病毒、抗菌、抗肿瘤、保肝、兴奋子宫平滑肌等作用。水煎剂对流感病毒或亚洲甲型流感病毒均有较强抑制作用。

◆ 用量

马、牛:30～90 g;猪、羊:6～15 g;犬:3～8 g。

◆ 应用研究

(1) 黄芪 60 g,党参 60 g,肉桂 20 g,槟榔 60 g,贯众 60 g,何首乌 60 g,山楂 60 g,粉碎过筛或水煎取汁,用于 100 只鸡防治鸡痘。

(2) 首乌、贯众、苍术、黄芪、艾叶、五加皮、穿心莲、大黄、神曲、麦芽、茴香、甘草等 12 味组成"僵猪散",每天在饲料中添加 15～20 g,连续饲喂 30 天,试验组猪平均头增重 6.13 kg,对照组不添加仅增重 3.27 kg。

2. 松科 Pinaceae

松针

中药松针为松科植物马尾松(*Pinus massoniana* Lamb.)或油松(*P. tabulaeformis* Carr.)等的叶。全国大部分地区均产。全年可采,以冬季采者为佳,晒干。

图 1-2 松和松针

◆ 形态特征

生活型:乔木。

株:高达 40 m,胸径 1 m。

茎:树皮呈红褐色,下部呈灰褐色,裂成不规则的鳞状块片。

枝:枝条每年生长 1 轮,稀 2 轮;一年生枝呈淡黄褐色,无白粉;冬芽呈褐色,圆柱形。

叶:针叶 2 针一束,极稀 3 针一束,长为 12～30 cm,宽约为 1 mm,细柔,下垂或微下垂,两面有气孔线,边缘有细齿,树脂道 4～7,边生。

果:球果呈卵圆形或圆锥状卵圆形,长为 4～7 cm,径为 2.5～4 cm,有短柄,熟时栗褐色,种鳞张开;鳞盾呈菱形,微隆起或平,横脊微明显,鳞脐微凹,无刺,稀生于干燥环境时有极短的刺。

种子:种子呈卵圆形,长为 4～6 mm,连翅长为 2～2.7 cm。

◆ 性味、归经

苦,温。入心、肝、脾经。

◆ 功效

祛风,燥湿,杀虫。

◆ 成分

含挥发油、黄酮类、树脂、维生素等,油中含 α-及 β-蒎烯、3-蒈烯和少量的 β-水芹烯、月桂烯、柠檬烯、乙酸龙脑酯。叶中分得右旋松脂醇的葡萄糖苷、右旋异落叶松脂酚的葡萄糖苷及鼠李糖苷、左旋断异落叶松脂酚的葡萄糖苷及木糖苷等 17 种皂苷和氨基酸。并含有维生素 E(不低于 800 mg/kg)、胡萝卜素(不低于 150 mg/kg)、植物激素和植物杀菌素等生物活性物质,以及硒、铜、锰、铁、锌、钴、钼等多种微量元素。

◆ 药理

柠檬烯对小鼠有明显镇咳和祛痰作用,在体外对肺炎链球菌、甲型链球菌、卡他球菌和金黄色葡萄球菌有很强的抑制作用。

◆ 用量

牛:250～500 g;猪:120～250 g;禽:2～3 g。

◆ 应用研究

(1)在奶牛日粮中添加 10%的松针粉,可提高产奶量 7.4%～10.5%。大家畜饲料中添加 3%～5%,可治疗异食癖。

(2)在育肥猪日粮中添加 3%～5%的松针粉,平均日增重可提高 15%～30%,瘦肉率增加,猪肉品质改善,抗病力增强。但应注意添加量要由少至多,以便动物逐步适应。

（3）种兔日粮中每天添加 20～50 g 松针粉,能促进母兔正常发情和排卵,使受胎率提高 6%、产仔率提高 10.9%;使仔兔成活率提高 7%,窝重和平均初生重分别提高 28%、7.2%;使肉兔体重增加 12%;使毛兔产毛量提高 16.5%。种兔日粮中添加 2.5% 的松针粉,可提高公兔的性欲和配种能力。

（4）在产蛋鸡日粮中添加 3%～5% 的松针粉,产蛋量提高 6.1%～13.8%,饲料利用率提高 15.1%,蛋重提高 2.9%,受精率提高 1%;且蛋黄颜色较深,禽蛋品质明显提高。

（5）松针、黄芪、麦饭石各 30 g,神曲、麦芽、当归、何首乌、枸杞子、陈皮、淫羊藿各 20 g,桔梗、大枣、甘草各 15 g,制成添加剂,每天在鹿精料中添加 15 g,添加 30～35 天,试验组比对照组平均提前 16 天脱盘,生茸期延长 9 天,头茬茸产量增加 19.67%,再生茸增加 114%,经济效益明显。

3. 柏科 Cupressaceae

柏子仁

中药柏子仁为柏科植物侧柏（*Platycladus orientalis*（L.）Franco）的种仁。皖北有 1 种及 3 个栽培变种,见于颍上、阜南、临泉、阜阳、利辛、太和、界首、亳州、涡阳、蒙城、萧县灵璧、泗县、怀远。主要产于山东、河南、河北等地,销往全国并出口。秋、冬两季采收成熟的种子,晒干,除去种皮,收集种仁。

图 1-3　柏子仁和侧柏

◆ 形态特征

生活型:乔木。

株:高达 20 m,幼树树冠呈卵状尖塔形,老则呈广圆形。

茎:树皮呈淡灰褐色。

叶:生鳞叶的小枝直展,扁平,排成一平面,两面同形;鳞叶二型,交互对生,背面有腺点。

花:雌雄同株,球花单生枝顶;雄球花具 6 对雄蕊,花药 2～4;雌球花具 4 对珠鳞,仅中部 2 对珠鳞各具 1～2 个胚珠。

果:球果当年成熟,呈卵状椭圆形,长为 1.5～2 cm,成熟时呈褐色;种鳞木质,扁平,厚,背部顶端下方有一弯曲的钩状尖头,最下部 1 对很小,不发育,中部 2 对发育,各具 1～2 颗种子。

种子:种子呈椭圆形或卵圆形,长为 4～6 mm,呈灰褐色或紫褐色,无翅,或顶端有短膜,种脐大而明显;子叶 2,发芽时出土。

侧柏属于乔木,高达 20 m。幼树树冠呈尖塔形,老则呈广圆形。小枝直展,扁平,排成一平面。雌雄同株,球果呈卵状椭圆形,成熟时呈褐色;种子呈椭圆形,灰褐色。花期为 3～4 月,球果 10 月成熟。

◆ 性味、归经

甘,平。入心、肾、大肠经。

◆ 功效

养心安神,润燥通便,止汗。

◆ 成分

种子含皂苷、脂肪油及挥发油,还含谷甾醇、柏子醇(cedrol)、红松内酯(pi-nusolide)、15,16-双去甲-13-氧代-8(17)-半日花烯-19-酸[15,16-bisnor-13-oxo-8(17)-oicacid]、二羟基半日花三烯酸(12R,13RSdihydroxy6communicacid)等。

◆ 药理

具有镇静安神、抗惊厥、润肠通便、养血通经等作用。

◆ 用量

马、牛:25～60 g;驼:40～80 g;猪、羊:10～15 g。

◆ 应用研究

(1)用柏子仁、首乌、黄精、夜交藤等 8 种中草药组成的添加剂,饲喂艾维茵肉鸡 34 天以上,可提高肌肉中的蛋白含量,改善脂肪酸组成,提高氨基酸及矿物质水平,使肉质和汤味口感鲜、香,改变了腥、淡味。

(2)黄芪、大黄归、白芍、丹参、茯苓、枳实、厚朴、柴胡、牵牛子、贯众、使君子、槟榔、合欢、柏子仁、甘草等 16 味中草药组成作为猪用饲料添加剂的基础方。对仔猪加黄连、竹叶、元胡、大腹皮、白术、紫花地丁,中猪加地丁、旱莲草、芦根、贯众、虎杖,大猪加地榆、乳香、丁香、桑白皮、半夏、胆南星。粉碎后按 1.5%添加,饲养试验表明,全期平均日增重和瘦肉率比对照组分别提高 4.8%和 6.5%。

第二章　被子植物门

第一节　双子叶植物纲

一、离瓣花亚纲

4. 苋科 Amaranthaceae

鸡冠花

中药鸡冠花为苋科植物鸡冠花（*Celosia cristata* L.）的花序。全国各地均有栽培。8～10月花序充分长大；成熟时，分批剪取，晒干。生用或炒炭用。

图 2-1　鸡冠花

◆ 形态特征

一年生直立草本，高为 30～80 cm。全株无毛，粗壮。分枝少，近上部扁平，呈绿色或带红色,有棱纹凸起。单叶互生,具柄;叶片长为 5～13 cm,宽为 2～6 cm,先端渐尖或长尖,基部渐窄成柄,全缘。中部以下多花;苞片、小苞片和花被片干膜质,宿存;胞果呈卵形,长约为 3 mm,熟时盖裂,包于宿存花被内。种子呈肾形,黑色,有光泽。

◆ 生态习性

栽培要点:与青葙的区别——穗状花序多分枝,呈鸡冠状、卷冠状或羽毛状;花呈红色、紫色、黄色、橙色。

◆ 性味、归经

甘,凉。入肝、肾、大肠经。

◆ 功效

凉血止血,止痢止带。

◆ 成分

含山奈苷、苋菜红苷、松醇和多量硝酸钾。

◆ 药理

试管法证明,鸡冠花煎剂对人阴道毛滴虫有良好作用,虫体与药液接触 5～10 min 后即趋消失。动物实验表明,子宫腔内注射 10% 的鸡冠花制剂,对小鼠、豚鼠和家兔均具有明显的中期引产作用。

◆ 用量

马、牛:60～150 g;猪、羊:15～30 g;犬:8～15 g。

◆ 应用研究

(1) 仔猪日粮中添加 5% 的鸡冠花瓣,日增重可提高 15%。

(2) 奶牛的日粮中每天添加 5～6 kg 鲜鸡冠花茎叶,平均日产奶量提高 6%～18%,乳脂率提高 1.8% 左右。

(3) 用鸡冠花籽粒喂雏鸡,每只每天 1～2 g,喂饲 30 天,比未喂饲雏鸡增重 20%,而且可预防雏鸡白痢。

(4) 肉鸡饲料添加 5% 的鸡冠花籽粒,产肉量提高 15%。

(5) 产蛋鸡日粮中添加 6% 的鸡冠花籽粒,代替 2% 的进口鱼粉和 4% 的豆饼,产蛋量提高 14%。

(6) 肉用仔鹅日粮中添加 10% 的鸡冠花茎叶,平均日增重提高 15.4%。

5. 桑科 Moraceae

桑白皮

桑白皮为桑科植物桑(*Morus alba* L.)的干燥根白皮。主要产于安徽、河南、浙江、江苏、湖南等地,其他各地亦产。秋末叶落至次春发芽前采挖根部,刮去黄棕色粗皮,纵向剖开,剥取根白皮,洗净,切丝,晒干。生用或蜜炙用。

图 2-2　桑白皮和桑

◆ 形态特征

桑属落叶灌木或乔木,高为 3～15 m。树皮呈灰白色,有条状浅裂;根皮呈黄棕色或红黄色,纤维性强。单叶互生,叶柄长为 1～2.5 cm;叶片呈卵形或宽卵形,长为 5～20 cm,宽为 4～10 cm,先端锐尖或渐尖,基部呈圆形或近心形,边缘有粗锯齿或圆齿,有时有不规则的分裂,上面无毛,有光泽,下面脉上有短毛,腋间有毛;基出脉 3 条与细脉交织成网状,背面较明显;托叶呈披针形,早落。花单性。雌雄异株;雌、雄花序均排列成穗状柔荑花序,腋生;雌花序长为 1～2 cm,被毛,总花梗长为 5～10 mm;雄花序长为 1～2.5 cm,下垂,略被细毛;雄花具花被片 4 枚。雄蕊 4 枚,中央有不育的雌蕊;雌花具花被片 4 枚,基部合生,柱头 2 裂。瘦果,多数密集成一卵圆形或长圆形的聚合果,长为 1～2.5 cm,初时绿色,成熟后变为肉质,呈黑紫色或红色。种子小。花期为 4～5 月份,果期为 5～6 月份。

◆ 性味、归经

甘,寒。入肺经。

◆ 功效

泻肺平喘,利水消肿。

◆ 成分

根皮含多种桑黄酮(kuwanone)、多种桑白皮素(moracenin)、桑葛酮(sanggenone)和多种桑色呋喃(mulberrofuran),还含桑素(mulberrin)、环桑色烯(cyclo-mulberrochrome)、桑根皮素(morusin)、3,4-二羟基苯甲酸乙酯、5,7-二羟基色酮(5,7-di-hydroxychromone)等,又含桑糖蛋白 A(moran A)。

◆ 药理

具有抗菌、降压、诱生干扰素及影响血小板代谢等作用。

◆ 用量

马、牛:15～60 g;猪、羊:6～12 g;犬:3～6 g;兔、禽:1～2 g。

◆ 应用研究

(1) 川贝、黄芩、桑白皮各 15 g,杏仁 5 g,石膏 50 g,黄麻、甘草各 10 g,共为细末,蜂蜜调和,混饲,适于外感风寒、身热咳嗽气喘。

(2) 麻黄 30 g,大青叶 30 g,石膏 25 g,半夏 20 g,连翘 20 g,黄连 20 g,杏仁 10 g,麦冬 15 g,桑白皮 25 g,桔梗 10 g,甘草 5 g,水煎取汁,按每羽雏鸡 0.5 g 拌料,连用 3～5 天,用于急性传染性支气管炎,热性喘咳,痰多气急。

(3) 桑白皮、枇杷叶、血余炭、前胡、杏仁、陈皮、神曲、麦芽、甘草各等份,共为细末,香油蜂蜜为引,开水冲服,治疗牛马咳嗽。

桑叶

桑叶为桑科植物桑(Morus alba L.)的叶片。我国大部分地区多有生产,以南方育蚕区产量较大。10～11 月间霜后采摘,除去杂质,晒干入药。生用或蜜炙用。

图 2-3　桑叶

◆ 形态特征

落叶灌木或小乔木,高为 3～15 m。树皮呈灰黄色或黄褐色,浅纵裂,幼枝有毛。

叶:叶互生,呈卵形至阔卵形,长为 6～15 cm,宽为 4～12 cm。先端尖或钝,基部呈圆形或近心形,边缘有粗齿,上面无毛,有光泽,下面呈绿色,脉上有疏毛,脉腋间有毛;叶柄长为 1～2.5 cm。雌雄异株,骨朵花序腋生;雄花序早落;雌花序长为 1～2 cm,花柱不明显或无,柱头 2。完整叶片呈卵形、宽卵形、心形等,长约为 15 cm,宽约为 10 cm,叶柄长约为 4 cm,叶片基部呈心脏形,顶端微尖,边缘有锯齿,叶脉密生白柔毛。老叶较厚,呈黄绿色;嫩叶较薄,呈暗绿色。质脆易碎,握之扎手。气淡,味微苦涩。药用一般认为霜后采者质佳。

果:聚花果(桑葚)熟时呈紫黑色、红色或乳白色。花期为 4～5 月,果期为 6～7 月。

多皱缩,破碎。完整者有柄,叶片上面呈黄绿色或浅黄棕色,有的有小疣状突起;下表面色较浅,叶脉突起,小脉网状,脉上被疏毛,脉基具簇毛。质脆。气微、味淡、微苦、涩。

◆ 性味、归经

苦、甘,寒。入肺、肝经。

◆ 功效

疏散风热,清肝明目,清肺润燥。

◆ 成分

含甾体及三站类——牛膝甾酮、蜕皮甾酮、豆甾醇、菜油甾醇等;黄酮及其背——芸香苷、槲皮素、异槲皮苷等;香豆精及其苷——香柑内酯、伞形花内酯、东莨菪素等;生物碱——葫芦巴碱、胆碱、腺嘌呤,又含挥发油,内含乙酸、丙酸、丁酸、异丁酸、缬草酸己酸等;含氨基酸,主要为谷氨酸、天冬氨酸、丙氨酸、甘氨酸;还含谷胱甘肽、绿原酸、延胡索酸、棕榈酸、棕榈酸乙酯、叶酸、亚叶酸、维生素 C、精氨酸葡萄糖苷、内消旋肌醇、溶血素等。

◆ 药理

有一定的降血糖作用。对金黄色葡萄球菌、乙型溶血性链球菌、白喉杆菌、炭疽杆菌均有较强的抑制作用,对大肠杆菌、伤寒杆菌、痢疾杆菌、铜绿假单胞杆菌也有效。水煎剂(浓度为 31 mg/mL)在体外有抗钩端螺旋体作用。

◆ 用量

马、牛:15～30 g;猪、羊:5～10 g;犬:3～5 g;兔、禽:1.5～2.5 g。

◆ 应用研究

柴胡、桑叶提取物加入 4～6 周龄肉仔鸡(300 只鸡共加 200 g)或 7 周龄(300只鸡共加 150 g)日粮中,平均日增重、平均日采食量分别提高 16% 和 9%,死淘率降低 30% 以上。

葎草

葎草为桑科植物葎草[*Humulus scandes*(Lour.)Merr.]的全草。除新疆和青海外,在全国各省区均有分布。夏、秋季选晴天采收全草或割取地上部分,晒干。鲜用,生长期随时可采。

◆ 形态特征

生活型:缠绕草本,茎、枝、叶柄均具倒钩刺。

茎:茎、枝、叶柄均具倒钩刺。

叶:叶纸质,呈肾状五角形,掌状 5～7 深裂,稀 3 裂,长、宽均为 7～10 cm,基部呈心形,上面疏被糙伏毛,下面被柔毛及黄色腺体,裂片呈卵状三角形,具锯齿;叶柄长为 5～10 cm。

图 2-4　葎草

花:雄花小,呈黄绿色,花序长为 15～25 cm;雌花序径约为 5 mm,苞片纸质,呈三角形,被白色绒毛;子房为苞片包被,柱头 2,伸出苞片外。

果:瘦果成熟时露出苞片外。

◆ 生态习性

国内产地:除新疆、青海外,南北各省区均有分布。

国外分布:日本、越南。

生境:沟边、荒地、废墟、林缘边。

物候期:花期为春夏,果期为秋季。

◆ 性味、归经

甘、苦,寒。入肾经。

◆ 功效

清热利湿,散瘀,解毒。

◆ 成分

含木犀草素、葡萄糖苷、胆碱、天门冬酰胺、挥发油、鞣质、树脂。叶含木犀草素-7-葡萄糖苷、大波斯菊苷、牡荆素。挥发油主要为丁香烯、β-葎草烯、α-芹子烯、β-芹子烯等。种子含脂肪油 22.5%。

◆ 药理

茎叶的乙醇浸液在试管内对革兰氏阳性菌有明显的抑制作用;球果中羽扇酮和葎草酮对金黄色葡萄球菌、粪链球菌、肺炎链球菌、白喉杆菌、炭疽杆菌、枯草杆菌和蜡样芽孢杆菌均有明显的抑制作用,葎草酮作用较弱。

◆ 用量

马、牛:45～120 g;猪、羊:25～60 g;犬:10～30 g。

◆ 应用研究

（1）毛兔日粮精料中搭配 20% 的葎草粉，母兔怀胎率为 99%，窝产活仔平均为 8.6 只，仔兔成活率为 98%，比对照组母兔怀胎率提高 21.11%，窝产仔兔增加 3.2 只，仔兔成活率提高 21%。

（2）母猪饲料中配入 10% 的葎草粉，60 头母猪平均窝产仔 11.6 头，仔猪成活率为 99%，育肥饲喂到 180 日龄，出栏体重为 104.4 kg，体重每增长 1 kg，消耗饲料 2.86 kg。比对照组母猪窝产仔增加 3.8 头，仔猪成活率提高 17%；育肥猪 180 日龄出栏体重增加 17.1 kg，体重每增长 1 kg，饲料消耗下降 11.5%。

（3）奶山羊精饲料中搭配 20% 的葎草粉，能提高产奶量。

（4）奶牛精饲料中搭配 20% 的葎草粉，能提高产奶量 5%～10%。

（5）在小猪、中猪、大猪日粮中分别用 5%、8%、12% 的葎草粉代替麸皮，日增重平均可提高 7.6%。

（6）在蛋鸡日粮中添加 4% 的葎草粉，每只鸡产蛋 258 枚（15.5 kg），比对照组多产蛋 26.4 枚（1.58 kg），产蛋率提高 11.4%。

火麻仁

火麻仁为桑科植物大麻（*Cannabis sativa* L.）的种仁。全国各地均有栽培。10～11 月果实成熟时，割取全株，晒干，打下果实，扬净，碾去果皮取仁。

◆ 形态特征

一年生直立草本，高为 1～3 m，枝具纵沟槽，密生灰白色贴伏毛。叶掌状全裂，裂片呈披针形或线状披针形，长为 7～15 cm，中裂片最长，宽为 0.5～2 cm，先端渐尖，基部狭楔形，表面深绿，微被糙毛，背面幼时密被灰白色贴状毛后变无毛，边缘具向内弯的粗锯齿，中脉及侧脉在表面微下陷，背面隆起；叶柄长为 3～15 cm，密被灰白色贴伏毛；托叶呈线形。雄花序长为 25 cm；花呈黄绿色，花被 5，膜质，外面被细伏贴毛，雄蕊 5，花丝极短，花药呈长圆形；小花柄长为 2～4 mm；雌花呈绿色；花被 1，紧包子房，略被小毛；子房近球形，外面包于苞片。瘦果为宿存黄褐色苞片所包，果皮坚脆，表面具细网纹。花期为 5～6 月，果期为 7 月。

◆ 药材性状

本品呈卵圆形，长为 4～5.5 mm，直径为 2.5～4 mm。表面呈灰绿色或灰黄色，有微细的白色或棕色网纹，两边有棱，顶端略尖，基部有 1 圆形果梗痕。果皮薄而脆，易破碎。种皮呈绿色，子叶 2，呈乳白色，富油性。气微，味淡。

◆ 性味、归经

味甘，性平。入脾、胃、大肠经。

◆ 功效

养血增蛋，润燥活血。

◆ 成分

100 g 种仁中含脂肪油约 30 g,脂肪酸组成为亚油酸 59.7%～62.9%、亚麻酸 14.7%～17.4%、油酸 8.4%～14.8%,还含丰富的蛋白质、葫芦巴碱(trigonelline)、异亮氨酸甜菜碱[L(d)-isoleucinbetaine]、维生素 E 和 B 族维生素、卵磷脂、胆碱、甾醇、葡萄糖醛酸、大麻酚(cannabinol)等营养与生物活性物质。

◆ 药理

丰富的必需脂肪酸、其他营养和生物活性物质可增强机体代谢,润肤泽毛,提高禽类产蛋率,促进血液循环,增进免疫功能。

◆ 用量

牛、马:100～150 g;猪、羊:30～60 g;犬、猫:15～30 g;家禽:1～3 g。

◆ 应用研究

(1) 促进产蛋。火麻仁研为细粉,以 0.5%～1.0% 添加到蛋鸡饲料中投喂,可大幅度提高产蛋率。

(2) 治母禽产蛋率下降。火麻仁、胡麻子,等份为末,以 0.5%～1.0% 添加到蛋鸡饲料中投喂,可有效防治母禽产蛋率下降。

(3) 治牛马津枯便秘。火麻仁 150 g、玄参 50 g、生地 50 g、郁李仁 30 g、积实 30 g、大黄 50 g,共研细末,蜂蜜为引,开水冲,候温内服,对各种动物血虚、阴虚便秘有良好效果。

(4) 治牛百叶干。火麻仁 150 g、郁李仁 50 g、当归 50 g、大黄 30 g,共研细末,蜂蜜为引,开水冲,候温内服。

(5) 治牛消化不良。火麻仁 150 g、炒莱菔子 50 g,清油、蜂蜜、食盐(炒)各适量,混饲。

6. 蓼科 Polygonaceae

辣蓼

辣蓼为蓼科植物水蓼(*Polygonum Hydropiper* L.)或绵毛酸模叶蓼(*Polygonum lapathifolium* L. var. *salicifolium* Sibth)的全草。水蓼主要产于陕西、内蒙古、河北、云南、四川、江西、浙江、安徽等地,皖太和、阜南有分布。绵毛酸模叶蓼主要产于福建、河南、广东、江苏。夏、秋季采收,洗净,鲜用或晒干。

◆ 形态特征

一年生草本,高为 40～70 cm。茎直立,多分枝,无毛,节部膨大。叶呈披针形或椭圆状披针形,长为 4～8 cm,宽为 0.5～2.5 cm,顶端渐尖,基部楔形,边缘全缘,具缘毛,两面无毛,被褐色小点,有时沿中脉具短硬伏毛,具辛辣味,叶腋具闭花受精花;叶柄长为 4～8 mm;托叶呈鞘筒状,膜质,褐色,长为 1～1.5 cm,疏生短硬伏毛,顶端截形,具短缘毛,通常托叶鞘内藏有花簇。

总状花序呈穗状,顶生或腋生,长为 3～8 cm,通常下垂,花稀疏,下部间断;苞片呈漏斗状,长为 2～3 mm,呈绿色,边缘膜质,疏生短缘毛,每苞内具 3～5 花;花梗比苞片长;花被 5 深裂,稀 4 裂,呈绿色,上部呈白色或淡红色,被黄褐色透明腺点,花被片椭圆形,长为 3～3.5 mm;雄蕊 5～8;雌蕊 1,花柱 2～3 裂。瘦果呈卵形,扁平,少有 3 棱,长为 2.5 mm,表面有小点,黑色无光,包在宿存的花被内。花期为 7～8 月。

图 2-5 辣蓼

◆ 性味、归经

辛,温。有小毒。入脾胃、大肠经。

◆ 功效

行气化湿,散瘀止血,祛风止痒。

◆ 成分

叶含槲皮素-3-硫酸酯、槲皮素、异槲皮素、异水蓼醇醛、水蓼醛酸、水蓼酮、11-羟基密叶辛木素、水蓼二醛。茎含多胡椒酸、酰基葡萄糖基甾醇、顺/反对香豆酸、顺/反-阿魏酸、香草酸、丁香酸、对-羟基苯甲酸、绿原酸、没食子酸、对羟基苯乙酸、甲酸、乙酸、缬草酸、葡萄糖醛酸、丙酮酸、焦性没食子酸等。全草还含水蓼素、金丝桃苷、槲皮苷、山奈素和姜黄烯等挥发油成分。

◆ 药理

具有止血、抗炎、抗癌、抗氧化、抗微生物作用;还有镇痛、扩张血管和降压作用;并能降低小肠和子宫平滑肌张力等。

◆ 用量

马、牛:60～120 g;猪、羊:30～60 g;犬:15～30 g;鱼:每千克体重加 10～20 g,拌饵投喂。

◆ 应用研究

（1）何首乌、蒲公英、辣蓼、杜仲、银杏叶、绞股蓝、松针、甘草、黄柏、车前草等按一定的比例组方，在兔的基础日粮中添加3%，试验组比对照组增重提高，料重比下降25.11%，发病率下降，成活率提高。

（2）干辣蓼草200～500 g或鲜品400～1500 g，水煎服，每天1次，犊牛、马属动物和猪，用量视体重大小增减，治疗家畜腹泻。

（3）马齿苋60 g，辣蓼60 g，煎水拌料，100只雏鸡用1剂，或加水5倍稀释自饮，治疗鸡白痢。

萹蓄

萹蓄为蓼科植物萹蓄（*Polygonum aviculare* L.）的全草。主要产于河南、浙江、四川、山东、吉林、河北、安徽等地。7～8月生长旺期，挖取全株，抖净泥沙，去除杂草，鲜用或晒干。

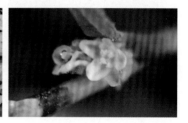

图 2-6　萹蓄

◆ 形态特征

生活型：一年生草本。

株：高达40 cm。

枝：基部多分枝。

叶：叶呈椭圆形、窄椭圆形或披针形，长为1～4 cm，宽为0.3～1.2 cm，先端圆或尖，基部呈楔形，全缘，无毛；叶柄短，基部具关节，托叶鞘膜质，下部呈褐色，上部呈白色，撕裂。

花：花单生或数朵簇生叶腋，遍布植株；苞片薄膜质；花梗细，顶部具关节；花被5，深裂；花被片呈椭圆形，长为2～2.5 mm，呈绿色，边缘白色或淡红色；雄蕊8，花丝基部宽，花柱3。

果：瘦果呈卵形，具3棱，长为2.5～3 mm，呈黑褐色，密被由小点组成的细条纹，无光泽，与宿存花被近等长或稍长。

◆ 生态习性

物候期：花期为5～7月，果期为6～8月。

◆ 性味、归经

苦,微寒。入膀胱经。

◆ 功效

清热利水,杀虫止痒。

◆ 成分

含萹蓄苷、胡桃苷、本特米定、木犀草素、东莨菪素等,还含有草酸、咖啡酸、录原酸、黏液质、葡萄糖、蔗糖、多糖等。

◆ 药理

收敛、抗菌、降压、利尿、利胆,也可作创伤用药。

◆ 用量

马、牛:20～60 g;猪、羊:5～10 g;犬:2～38 g;兔、禽:0.5～1.5 g。

◆ 应用研究

(1)鲜萹蓄草 120～500 g,捣成细烂,白痢加红糖,黄痢加白糖,开水冲服,治疗猪牛痢疾。

(2)萹蓄 50 g,水煎取汁,加砂糖少许灌服或混饲,每天 1～2 剂,连用 3 剂,治疗猪湿热痢疾。

(3)冬瓜皮 50 g,白扁豆、萹蓄、金银花各 25 g,水煎取汁,混饲,每天 2 次,连用 3 天,治疗仔猪热痢。

何首乌

何首乌为蓼科植物何首乌(*Polygonummulti florum* Thunb.)的干燥块根。全国大部分地区均有出产。秋后茎叶枯萎时或次年未萌芽前掘取其块根,洗净,切片,晒干或微烘干,称为生首乌;若以黑豆煮汁拌蒸,晒后变为黑色,称为制首乌。

图 2-7　何首乌

◆ 形态特征

何首乌为多年生植物。块根肥厚,呈长椭圆形,黑褐色。茎缠绕,长为 2～4 m,多分枝,具纵棱,无毛,微粗糙,下部木质化。

叶:呈卵形或长卵形,长为 3～7 cm,宽为 2～5 cm,顶端渐尖,基部呈心形或近心形,两面粗糙,边缘全缘;叶柄长为 1.5～3 cm;托叶鞘膜质,偏斜,无毛,长为 3～5 mm。

花:花序圆锥状,顶生或腋生,长为 10～20 cm,分枝开展,具细纵棱,沿棱密被小突起;苞片呈三角状卵形,具小突起,顶端尖,每苞内具 2～4 花;花梗细弱,长为 2～3 mm,下部具关节,果时延长;花被 5,深裂,白色或淡绿色,花被片椭圆形,大小不相等,外面 3 片较大背部具翅,果时增大,花被果时外形近圆形,直径为 6～7 mm;雄蕊 8,花丝下部较宽;花柱 3,极短,柱头头状。

果:瘦果呈卵形,具 3 棱,长为 2.5～3 mm,呈黑褐色,有光泽,包于宿存花被内。花期为 8～9 月,果期为 9～10 月。

◆ 性味、归经

甘、苦、涩,微温。入肝、心、肾经。

◆ 功效

制首乌:补肝肾,益精血。生首乌:通便,解毒。

◆ 成分

根和根茎含蒽醌类,主要为大黄酚和大黄素,其次为大黄酸、痕量的大黄素甲醚和大黄酚蒽酮等。还含淀粉 45.2%、粗脂肪 3.1%、卵磷脂 3.7%等。

◆ 药理

具有延缓衰老、降血脂及抗动脉硬化、抗菌、保肝作用。从何首乌中提取的大黄酚能促进肠管的吸收。

◆ 用量

马、牛:30～90 g;猪、羊:10～15 g;犬、猫:5～8 g;兔、禽:1～3 g。

◆ 应用研究

(1) 何首乌 20 g、黄芪 30 g、大枣 20 g、神曲 20 g、麦芽 20 g、当归 20 g、枸杞子 20 g、陈皮 20 g、桔梗 15 g、松针 30 g、淫羊藿 20 g、麦饭石 30 g、甘草 15 g 组成添加剂,每天在每只鹿的精料中添加 15 g,添加期为 30～35 天,试验组比对照组平均提前 16 天脱盘,生茸期延长 9 天,头茬茸产量增加 19.67%,再生茸增加 114%,经济效益明显。

(2) 首乌、苦参、麦芽、苍术、使君子等组成方剂,按 20～50 kg 猪每头每天 40 g,50 kg 以上猪 60 g,混入饲料中饲喂,连用 7～10 天,停药 20 天后再用。结果发现,日增重提高 20.24%,饲料报酬提高 16.82%,屠宰率提高 1.64%,瘦肉率提高 2.99%,熟肉率提高 4.2%。

（3）何首乌 6 份、白芍 5 份、陈皮 3 份、神曲 3 份、石菖蒲 2 份、山楂 1 份，研末混合，以 1.5%添加量加入基础日粮中，每天投喂 2～3 次，自由采食，保持食槽中有余料，饮水不限，能促进猪食欲，增加采食量，明显促进其生长发育。

（4）何首乌 100 g、山药 100 g、贯众 100 g、麦芽 100 g、黄豆 200 g，共研细末，50 kg 的猪每次 30 g 混于饲料中饲喂，每天 3 次，连服 3～5 天，以后每隔 10～15 天连喂 3～5 天，可催肥增重。

大黄

大黄为蓼科植物掌叶大黄（*Rheum palmatum* L.）、唐古特大黄（鸡爪大黄）（*R. tanguticum* Maxim ex Reg.）或药用大黄（*R. officinale* Baill.）的干燥根茎。主要产于安徽、四川、甘肃、青海、湖北、云南、贵州等地。立冬前后叶枯时采挖，削去外皮，大者对剖，长者横切，阴干或烘干。生用或酒制，蒸熟，炒黑用。

图 2-8 大黄

◆ 形态特征

掌叶大黄，蓼科大黄属的高大粗壮草本植物。高为 1.5～2 m，根及根状茎粗壮木质。

叶：叶片长宽近相等，长达 40～60 cm，有时长稍大于宽，顶端窄渐尖或窄急尖，基部近心形，通常成掌状半 5 裂，每一大裂片又分为近羽状的窄三角形小裂片，基出脉多为 5 条，叶上面粗糙到具乳突状毛，下面及边缘密被短毛；叶柄粗壮，呈圆柱状，与叶片近等长，密被锈乳突状毛；茎生叶向上渐小，柄亦渐短；托叶鞘大，长达 15 cm，内面光滑，外表粗糙。

花：大型圆锥花序，分枝较聚拢，密被粗糙短毛；花小，通常呈紫红色，有时呈黄白色；花梗长为 2～2.5 mm，关节位于中部以下；花被片 6，外轮 3 片较窄小，内轮 3 片较大，宽椭圆形到近圆形，长为 1～1.5 mm；雄蕊 9，不外露；花盘薄，与花丝基部粘连；子房呈菱状宽卵形，花柱略反曲，柱头头状。

果:果实呈长圆状椭圆形到长圆形,长为 8~9 mm,宽为 7~7.5 mm,两端均下凹,翅宽约为 2.5 mm,纵脉靠近翅的边缘。种子呈宽卵形,棕黑色。花期为 6 月,果期为 8 月。果期果序的分枝直而聚拢。

◆ 性味、归经

苦,寒。入脾、胃、大肠、肝、心包经。

◆ 功效

攻积导滞,泻火凉血,活血化瘀,化湿退黄。

◆ 成分

每 100 g 嫩苗含胡萝卜素 4.05 mg、核黄素 1.17 mg、抗坏血酸 150 mg。根及根茎含总蒽醌 1.15%,其中结合型蒽醌为 1.05%、游离蒽醌为 0.06%,从中分得大黄素(emodin)、大黄素甲醚(physcion)、大黄酚(chrysophanol)、大黄酸(rhein)、芦荟大黄素(aloe-emodin)、番泻苷(sennoside)A、食用大黄苷(rhapontin)、波叶大黄苷(rheinoside)A、B、C、D 及大量鞣质。

◆ 药理

具有降血脂、抗氧化、抗血小板聚集作用。

◆ 用量

马、牛:20~90 g;驼:35~65 g;猪、羊:6~12 g;犬、猫:3~6 g;兔、禽:1.5~3 g。

◆ 应用研究

(1)预防草鱼的多种疾病。可在草鱼发病季节到来之前,每 100 kg 鱼用大黄 100 g,煎熬成汁,拌入饲料中投喂,连喂 3 天,即可起到预防的作用。也可用 0.5 mg/kg 的大黄和硫酸铜液全池泼洒,进行预防。

(2)治疗鱼病毒性出血病。每 100 kg 鱼可用大黄 250 g、黄柏 150 g、黄芩 100 g,混合研碎,加食盐 1 kg,用水和匀,拌入面粉,将其放在嫩草上晾干,再投入鱼池中喂鱼,连喂 5~7 天,可治愈。

(3)治疗鱼病毒性出血病并发细菌性烂腮和肠炎、赤皮病等。每万尾鱼种可用研碎的大黄、捣烂的鲜大蒜和食盐各 500 g,拌入适量的精饲料中投喂,连喂 3~5 天。

(4)穿心莲、板蓝根、甘草、吴茱萸、苦参、白芷、大黄各等份,共研细末,每千克体重按 0.6 g 混饲,连用 3~5 天,治疗鸡传染性法氏囊病。

7. 榆科 Ulmaceae

芜荑

芜荑为榆科植物大果榆(*Umus macrocarpa* Hance)果实的加工品。主要产于山西、河北,东北各地亦产,安徽有分布。夏季果实成熟时采收,晒干,搓去膜翅,取出种子。

◆ 形态特征

药材加工品呈扁平方块状。表面呈棕黄色或棕褐色,有多数孔洞和孔隙,杂有纤维和种子。质地松脆而粗糙,断面呈黄黑色,易起层剥离。气特异,味微酸涩。

◆ 性味、归经

辛,苦,性温。归脾、胃经。

图 2-9　大果榆和芜荑

◆ 功效

杀虫,消积。

◆ 成分

果实含鞣质和糖类。

◆ 药理

抗真菌、驱虫。芜荑醇提取物在体外对猪蛔虫、蚯蚓与水蛭有显著杀灭作用。

◆ 用量

马、牛:15～60 g;猪、羊:10～15 g;犬:2～6 g。

◆ 应用研究

鹤虱、使君子、雷丸、芜荑、胡黄连、榧子各等份,共为细末,空腹喂服,治马骡肠虫病。

8. 楝科 Meliaceae

苦楝皮

苦楝皮为楝科植物苦楝(*Melia azedatach* L.)或川楝(*Melia toosendan* Sieb. et Zucc.)的树皮或根皮。主要产于安徽、四川、云南、贵州、甘肃、湖南、湖北、河南、山东等地。全年可采收,洗净,鲜用或晒干。

◆ 形态特征

本品呈不规则板片状、槽状或半卷筒状，长宽不一，厚为 2～6 mm。外表面呈灰棕色或灰褐色，粗糙，有交织的纵皱纹和点状灰棕色皮孔，除去粗皮者呈淡黄色；内表面呈类白色或淡黄色。质韧，不易折断，断面纤维性，呈层片状，易剥离。气微，味苦。

◆ 性味、归经

苦，寒。有毒。归肝、脾、胃经。

图 2-10　苦楝皮

◆ 功效

杀虫。

◆ 成分

含苦楝素 A、B、C，鹧鸪花胆甾烯缩醛 B、D、E，苦楝卡品素，苦楝毒素 A_2B，苦楝酮，苦楝子三醇、水溶性多糖等。

◆ 药理

有驱虫、抑菌、抗炎解热、兴奋平滑肌、抑制中枢神经等作用。

◆ 用量

马、牛：15～35 g；猪、羊：3～9 g。

◆ 应用研究

（1）苦楝皮、槟榔、枳实、朴硝、鹤虱、大黄、使君子，共为末，每头猪每天按 10 g 拌入饲料中饲喂，用于驱虫，见大部分蛔虫已打下，即可停止添加。

（2）苦楝皮、红糖各等份，共研为末，每头猪每天的饲料中添加 10 g 饲喂，治疗猪蛔虫病。

（3）贯众 90 g、苦楝皮 90 g、雄黄 45 g，共研为末，每头猪每天的饲料中添加入 30 g 饲喂。连用 3～5 天，可将大部分蛔虫驱出。

大枣

大枣为鼠李科植物枣（*Ziziphus jujuba* Mill）的干燥成熟果实。秋季果实成熟时采收,晒干。主要产于安徽淮北,河南新郑、灵宝,山东临清、荏平、泰安,河北,山西,四川,贵州等地亦产。以山东产量最大,河南新郑产者质优。栽培4～5年结果,8～9月果实呈微红色时采摘,拣净杂质,晒干或烘至皮软,再行晒干;亦可放沸水烫一下,使果肉变软,在皮未皱缩时捞起,晒干。

图 2-11 枣

◆ 形态特征

生活型:落叶小乔木,稀灌木。

枝:有长枝,短枝和无芽小枝(即新枝)比长枝光滑,呈紫红色或灰褐色,呈之字形曲折,具2个托叶刺,长刺可达3 cm,粗直,短刺下弯,长为4～6 mm;短枝短粗,矩状,自老枝发出;当年生小枝绿色,下垂,单生或2～7个簇生于短枝上。

叶:叶纸质,呈卵形、卵状椭圆形或卵状矩圆形;长为3～7 cm,宽为1.5～4 cm,顶端钝或圆形,稀锐尖,具小尖头,基部稍不对称,近圆形,边缘具圆齿状锯齿,上面呈深绿色,无毛,下面呈浅绿色,无毛或仅沿脉多少被疏微毛,基生三出脉;叶柄长为1～6 mm,或在长枝上的可达1 cm,无毛或有疏微毛;托叶刺纤细,后期常脱落。

花:花呈黄绿色,两性,5基数,无毛,具短总花梗,单生或2～8个密集成腋生聚伞花序;花梗长为2～3 mm;萼片呈卵状三角形;花瓣呈倒卵圆形,基部有爪,与雄蕊等长;花盘厚,肉质,呈圆形,5裂;子房下部藏于花盘内,与花盘合生,2室,每室有1个胚珠,花柱2半裂。

果:核果呈矩圆形或长卵圆形,长为2～3.5 cm,直径为1.5～2 cm,成熟时呈红色,后变红紫色,中果皮肉质,厚,味甜,核顶端锐尖,基部锐尖或钝,2室,具1或2种子,果梗长为2～5 mm;种子呈扁椭圆形,长约为1 cm,宽为8 mm。

◆ 生态习性

物候期:花期为5～7月,果期为8～9月。

◆ 性味、归经

甘,温。入脾、胃经。

◆ 功效

补中益气,养血安神。

◆ 成分

含有生物碱,如光千金藤碱(stepharine)、N-去甲基荷叶碱(N-nornuciferine)、巴婆碱(asmilobine);三萜类,如白桦酯酮酸(betulonicacid)、齐墩果酸(oleanoli-cacid)、马斯里酸(maslinicacid)、山楂酸(crategolicacid)等;皂苷类,如大枣皂苷(zizyphussaponin)I、II、II和酸枣皂苷(jujuboside)B。又含果糖、葡萄糖、蔗糖、少量的阿拉伯聚糖(araban)、半乳糖醛酸聚糖(galacturonosan)。果肉中含芸香苷(rutin)3.385%、维生素C 0.54%～0.972%以及核黄素(riboflavine)、硫胺素(thiamine)、胡萝卜素(carotene)等。

◆ 药理

具有抗变态反应、增强肌力、延缓衰老、镇静、护肝、抗肿瘤等作用。大枣水提取物具有对抗IgE刺激所致人外周血嗜碱性粒细胞释放白三烯的作用;大枣的乙醇提取成分乙基-α-果糖苷对IgE抗体的产生有特异性抑制作用,对5-羟色胺和组胺还有一定的拮抗作用。

◆ 用量

马、牛:30～90 g;猪、羊:10～15 g;兔、禽:1.5～3 g。

◆ 应用研究

(1) 淡豆豉500 g(菜油炒),当归、红枣、白术各250 g,研末,开水泡,以猪油25 g为引,分7次服,7天服1次,可使耕牛肥壮。

(2) 黄芪30 g、大枣20 g、神曲20 g、麦芽20 g、当归20 g、何首乌20 g、枸杞子20 g、陈皮20 g、桔梗15 g、松针30 g、淫羊藿20 g、麦饭石30 g、甘草15 g,在鹿精料中添加,每只每天15 g,添加期为30～35天,试验组比对照组平均提前16天脱盘,生茸期延长9天,头茬茸产量增加19.67%,再生茸增加114%。

酸枣仁

酸枣仁为鼠李科植物酸枣[*Ziziphus jujuba* Mill. var. *spinosa*(Bunge)Haex H. F. chow.]的成熟干燥种仁。产于安徽、河北、陕西、辽宁、内蒙古、山东、山西、甘肃、河南等地。秋季果实成熟时采收,除去枣肉,碾破核,取种子干燥。生用或炒用。打碎入煎。

图 2-12　酸枣仁和植物酸枣

◆ 性味、归经

甘、酸,平。入心、肝经。

◆ 功效

养心安神,益阴敛汗。

◆ 成分

含多量脂肪油(31.8%)和蛋白质、甾醇、皂苷(0.1%)以及三萜化合物白桦酯醇、白桦脂酸等,还含有大量维生素 C,含粗蛋白 36.7%、粗脂肪 27.5%、钙 0.62%、磷 0.61%。

◆ 药理

具有镇静、催眠、镇痛、抗惊厥、降温、降压作用,防治动脉粥样硬化,增强耐缺氧能力,增强机体免疫力,对烫伤有一定的防治作用,对子宫有兴奋作用。每千克小白鼠按 100 mg 用量,腹腔注射酸枣仁黄酮能明显抑制小白鼠自主活动,并能加强戊巴比妥钠、硫喷妥钠及水合氯醛对中枢神经系统的抑制作用,拮抗咖啡因诱导的小白鼠精神运动性兴奋。

◆ 用量

马、牛:30～60 g;猪、羊:10～15 g;犬:5～8 g;兔、禽:1～2 g。

◆ 应用研究

(1) 赤首乌 20%、土黄芪 20%、麦芽(或神曲)20%、秋牡丹 10%、柏仁(或酸枣仁)20%、食盐(不含碘)10%,共研成末,在 50 kg 育肥猪的饲料中每天添加 80～100 g,日增重提高 25%。

(2) 白术、陈皮、山楂、酸枣、柴胡等,在肉仔鸡日粮中添加 3%,从第 10 日龄开始,每隔 3 天,连服 1 周,直至 43 天出栏。可促进肉鸡增重。

南瓜子

南瓜子为葫芦科植物南瓜（*Cucurbita moschata* Duch.）的种子。主要产于我国南方各地。研末生用。

◆ 性味、归经

甘，平。归脾、胃经。

◆ 功效

杀虫。

◆ 成分

含南瓜子氨酸、间羧基苯丙氨酸、脂肪酸主要有亚油酸、油酸、棕榈酸、硬脂酸、亚麻酸、肉豆蔻酸，类脂成分有三酰甘油、二酰甘油、甘油单酯、甾醇等；还含有维生素 B_1、维生素 B_2、维生素 C 及组胺酸、赖氨酸、精氨酸等氨基酸。

图 2-13　南瓜子

◆ 药理

驱绦虫、抗血吸虫感染；另外，南瓜子氨酸具有使呼吸加深加快和升压作用，抑制肠肌收缩。

◆ 用量

马、牛：60～150 g；猪、羊：60～90 g；犬、猫：5～10 g。

◆ 应用研究

（1）南瓜子仁体外对牛肉绦虫或猪绦虫均有麻痹作用，南瓜子氨酸使体外犬绦虫明显兴奋，甚至挛缩，并与槟榔碱有协同作用。犬灌服南瓜子酸，对水泡绦虫、豆状绦虫和曼氏绦虫均有驱虫作用。

（2）南瓜子 250～500 g，炒熟研末，空腹喂服，服后 2 h 再服槟榔 3～6 g，芒硝 250 g，用于治疗马绦虫病。

（3）南瓜子、槟榔各等量（每只鸡服用 0.3～0.6 g），前者共研为细末并服用，服后再服槟榔汁，治疗鸡绦虫病。

11. 石榴科 Punicaceae

石榴皮

石榴皮为石榴科植物石榴（*Punica granatum* L.）的干燥果皮。全国大部分地区均有栽培。秋季果实成熟，顶端开裂时采摘，除去种子及隔瓤，取果皮，或收集食石榴后的果皮，洗净，切瓣，晒干。生用。

◆ 性味、归经

酸、涩，温。入肺、肾、大肠经。

◆ 功效

止泻、驱虫。

图 2-14　石榴皮和石榴

◆ 成分

含鞣质、蜡、甘露醇、黏液质、没食子酸、苹果酸、果胶、菊糖，鞣质含石榴皮、苦素 A 和苦素 B、石榴皮鞣质等；含反油酸、异槲皮苷、矢车菊素-3-葡萄糖苷、蹄纹天竺素-3-葡萄糖苷等，还含石榴皮碱、异石榴皮碱、伪石榴皮碱、N-甲基异石榴皮碱等。

◆ 药理

具有抗菌、抗病毒作用；另外，果皮粉口服可减少雌性大鼠和豚鼠的受孕率；石榴皮阴道栓的生殖毒理学实验表明，其对主要生殖力指数、着床前死亡率、胎存前死亡率无明显。

◆ 用量

马、牛：30～45 g；驼：25～45 g；猪、羊：6～12 g；犬、猫：3～6 g；兔、禽：1～2 g；

1%的煎液浸洗病鱼20～30 min。

◆ 应用研究

（1）石榴皮、地榆、诃子、泽泻、黄芩、金银花、黄柏、苍术、陈皮等组成"白痢康"防治试验性鸡白痢，预防保护率达88%～90%，治愈率为75%～84.4%；用于鸡白痢阳性父母代产蛋鸡，可使鸡白痢的阳性率由100%降低到13.3%以下，能提高鸡的产蛋率和降低死淘率。

（2）石榴皮30～50 g，加水煎2次，每次200 mL混饮或混饲，治疗猪腹泻病。

（3）石榴皮、椿白皮、焦山楂各等份，共为细末，开水调服，治疗牛马拉稀。

（4）石榴皮、西瓜皮各120 g，共为细末，开水冲服，治疗牛马拉稀带血。

（5）石榴皮、肉豆蔻、白胡椒、茴香、草果各适量，共为细末，羊每天服用3～6 g，治羔羊痢疾。

（6）石榴皮、车前子，炒黄研磨，拌料喂母猪，治疗仔猪白痢。

12. 柳叶菜科 Onagraceae

月见草

月见草为柳叶菜科植物月见草（*Oenothera binennis* L.）和红色月见草（*Oenothera erythrosepala* Borb.）等的根。分布于东北等地，其他各地也有栽培。秋季采挖，去杂质，晒干。

图 2-15　月见草

◆ 形态特征

生活型：2年生直立草本，基生莲座叶丛紧贴地面；茎高达2 m，被曲柔毛与伸展长毛，在茎枝上端常混生有腺毛。

茎：茎高达2 m，被曲柔毛与伸展长毛，在茎枝上端常混生有腺毛。

叶：基生莲座叶丛紧贴地面。

花：穗状花序，不分枝，或在主序下面具次级侧生花序；苞片呈叶状，长为1.5～9 cm，宿存；萼片呈长圆状披针形，长为1.8～2.2 cm，先端尾状，自基部反折，又在中部上翻；花瓣呈黄色，稀淡黄色，宽倒卵形，长为2.5～3 cm，先端微凹；子房呈圆柱状,具 4 棱,长为 1～1.2 cm,密被伸展长毛与短腺毛,有时混生曲柔毛,花柱长为 3.5～5 cm,伸出花筒部分长为 0.7～1.5 cm,柱头裂片长为 3～5 mm。

果:蒴果呈锥状圆柱形,长为 2～3.5 cm,直立,呈绿色,毛被同子房,渐稀疏,具棱。

种子:种子在果中呈水平排列,暗褐色,棱形,长为 1～1.5 mm,具棱角和不整齐洼点。

◆ 生态习性

国外分布:原产北美(尤指加拿大与美国东部),早期引入欧洲,后迅速传播至全球温带与亚热带地区。

生境:在我国东北、华北、华东(含台湾)、西南(四川、贵州)有栽培,并早已沦为逸生,常生开旷荒坡路旁。

◆ 性味、归经

甘,温。

◆ 功效

疏散风热,除湿止痛。

◆ 成分

油中含有 γ-亚麻酸、γ 亚麻酸酯、月桂酸、肉豆蔻酸、棕榈酸、硬脂酸、油酸、亚油酸、亚麻油酸、花生酸、辛酸、癸酸、山嵛酸,其挥发油中还含有 23 种成分。

◆ 药理

具有抗衰老、抗溃疡、降血脂、抑制血小板凝集、抗动脉硬化、抗炎以及营养作用。用月见草油给小鼠按 2.4 mg/kg 用量灌胃给药,可明显抑制乙醇诱导的小鼠肝脏脂质氧化作用,显著增强正常小鼠过氧化氢酶的活力。

◆ 用量

马、牛:15～30 g;猪、羊:6～12 g;犬:3～6 g。

◆ 应用研究

在鲤鱼、罗非鱼饲料中添加月见草籽粕,可提高饲料效率,降低饲料成本,节约粮食,提高鱼肉品质,增产增收。

13. 山茱萸科 Cornaceae

山茱萸

山茱萸为山茱萸科植物山茱萸(*Cornus officinalis*)除去果核的果肉(山黄肉)。主要产于浙江、安徽、河南、陕西、山西等地。10～11 月,果实成熟时采摘,用文火烘焙或置沸水中略烫,及时挤除果核,晒干或烘干。生用或熟用。

图 2-16　山茱萸

◆ 形态特征

生活型:落叶乔木或灌木。

株:高为 4～10 m。树皮呈灰褐色;小枝呈细圆柱形,无毛或稀被贴生短柔毛冬芽顶生及腋生,卵形至披针形,被黄褐色短柔毛。

叶:叶对生,纸质,呈卵状披针形或卵状椭圆形,长为 5.5～10 cm,宽为 2.5～4.5 cm,先端渐尖,基部呈宽楔形或近于圆形,全缘,上面呈绿色,无毛,下面呈浅绿色,稀被白色贴生短柔毛,脉腋密生淡褐色丛毛,中脉在上面明显,下面凸起,近于无毛,侧脉 6～7 对,弓形内弯;叶柄呈细圆柱形,长为 0.6～1.2 cm,上面呈有浅沟,下面圆形,稍被贴生疏柔毛。

花:伞形花序生于枝侧,有总苞片 4,呈卵形,厚纸质至革质,长约为 8 mm,带紫色,两侧略被短柔毛,开花后脱落;总花梗粗壮,长约为 2 mm,微被灰色短柔毛;花小,两性,先叶开放;花萼裂片 4,呈阔三角形,与花盘等长或稍长,长约为 0.6 mm,无毛;花瓣 4,呈舌状披针形,长为 3.3 mm,呈黄色,向外反卷;雄蕊 4,与花瓣互生,长为 1.8 mm,花丝呈钻形,花药呈椭圆形,2 室;花盘呈垫状,无毛;子房下位,花托呈倒卵形,长约为 1 mm,密被贴生疏柔毛,花柱呈圆柱形,长为 1.5 mm,柱头呈截形;花梗纤细,长为 0.5～1 cm,密被疏柔毛。

果:核果呈长椭圆形,长为 1.2～1.7 cm,直径为 5～7 mm,呈红色至紫红色;核骨质,呈狭椭圆形,长约为 12 mm,有几条不整齐的肋纹。

◆ 生态习性

国内产地:山西、陕西、甘肃、山东、江苏、浙江、安徽、江西、河南、湖南等地。

国外分布:朝鲜、日本。

生境:林缘或森林中。

海拔:400～2100 m。

物候期:花期为 3～4 月;果期为 9～10 月。

◆ 性味、归经

酸、涩,微温。入肝、肾经。

◆ 功效

补益肝肾,固涩敛汗。

◆ 成分

含鞣质、糖苷、挥发油、苏氨酸、缬氨酸、亮氨酸、谷氨酸、甘氨酸、丙氨酸、精氨酸、天冬氨酸等 14 种氨基酸。鞣质有山茱萸鞣质(cornustannin)1、2、3,其中 1 即异柯子素(isoterchebin)[又名菱属鞣质(trapain)],2 即新唢呐草素(tellimagradin)I,3 即新唢呐草素 I;株木鞣质(cornisin)A、B、C、G;丁香鞣质(eugenin);路边青鞣质(ge-min)D;1,2,3-三-O-没食子酰葡萄糖等。糖苷有山茱萸裂苷(cornuside)、莫罗忍冬苷(morroniside)、马钱子苷(loganin)、当药苷(sweroside)、熊果酸(ursolicacid)等。挥发油有顺式和反式的芳樟醇氧化物(linalooloxide)、甲基丁香油酚(methylengenol)、榄香脂素(elemicin)、异细辛脑(isoasarone)、茴香脑(anethole)等。

◆ 药理

具有增强免疫、抗炎、降血糖、抗休克、强心、利尿、降血压等作用。

◆ 用量

马、牛:30～60 g;猪、羊:10～15 g;犬、猫:5～8 g;兔、禽:1.5～3 g。

◆ 应用研究

(1)枸杞 50 g、巴戟 40 g、覆盆子 40 g、淫羊藿 25 g、山萸肉 20 g、熟地、补骨脂、益智仁、麦冬、五味子、肉苁蓉、白附子、生地、丹皮、胡芦巴、泽泻、云苓、山药各 15 g,共为细末,开水冲服,每天 1 剂,连用 3～5 剂,治疗公马阳痿症。

(2)益母草 250 g、制熟地 200 g、酒当归 100 g、山萸肉 80 g、粉丹皮、山楂、麦芽、神曲各 50 g、陈皮 40 g,混合粉碎,每天每头(匹、只)按 25 g 掺入草料中饲喂,隔 1 天喂 1 次,用于体质瘦弱的母畜不发情。

14. 伞形科 Umbelliferae(Apiaceae)

胡萝卜

胡萝卜为伞形科植物胡萝卜(*Daucus carota* L. var. sativa DC.)的根。全国各地均有栽培。播后 90～100 天收获,一般于 10 月中旬至 11 月上旬采挖根部,洗净,鲜用或加工为成品。

◆ 形态特征

识别要点:本变种与原变种区别在于根肉质,呈长圆锥形,粗肥,呈红色或黄色。

图 2-17 胡萝卜

◆ 生态习性

国内产地：全国各地广泛栽培；并含多量维生素 A、B、C 及胡萝卜素。

◆ 性味、归经

甘，平。入肺经。

◆ 功效

健脾化滞，养肝明目。

◆ 成分

含 α、β、γ 和 e 胡萝卜素，番茄烃，六氢番茄烃，维生素 B$_1$、维生素 B$_2$；含糖 3%～15%、脂肪油 0.1%～0.7%、挥发油 0.014%、伞形花内酯、咖啡酸、绿原酸、没食子酸等。挥发油为 α-蒎烯、樟烯、月桂烯、α-水芹烯、甜没药烯等。

◆ 药理

干胡萝卜石油醚提取部分，分离出的无定形黄色成分，溶于杏仁油，注射于兔或犬均有明显降血糖作用。

◆ 用量

以料代药喂给，用量不受限制。

◆ 应用研究

（1）在冬季无青草的情况下，母羊产乳量低，用胡萝卜与大豆一块煮熟喂羊，可以提高母羊产乳量，促进羔羊的生长发育。胡萝卜最好煮熟后喂羊。

（2）在蛋鸡日粮中加入 20%～30% 的胡萝卜，能使蛋黄颜色明显提高。

（3）在龟的日粮中加入 8%～10% 的胡萝卜，试验组比对照组的患病率降低50.4%，增重率提高 17.2%。熟喂方能充分吸收。

小茴香

小茴香为伞形科植物小茴香（*Foeniculum vulgare* Mill.）的成熟干燥果实。

全国各地均有栽培。夏末秋初果实成熟时割取全株,晒干后打下果实,除去杂质。生用或盐水炒用。

图 2-18　小茴香

◆ 性味、归经

辛,温。入肝、肾、脾、胃经。

◆ 功效

祛寒止痛,理气和胃。

◆ 成分

含挥发油,主要为反式茴香脑占 63.4%,其次为柠檬烯、小茴香酮,以及爱草脑、月桂烯、樟烯、樟脑、茴香醛等 20 多种成分;含脂肪油,有 10-十八碳烯酸、花生酸、棕榈酸、肉豆蔻酸、月桂酸等;还含豆甾醇、伞形花内酯、花椒毒素、欧前胡内酯、补骨脂素、香草醛等。

◆ 药理

具有性激素样、镇痛、抗溃疡作用;另外,对家兔的体肠蠕动有促进作用,茴香脑对小鼠离体肠管有兴奋作用,浓度增高则出现松弛作用;茴香油对真菌、孢子、鸟型结核杆菌、金黄色葡萄球菌等有抑制作用;挥发油溶于 12%乙醇给麻醉豚鼠灌胃,可使气管内液体分泌增加,并对豚鼠气管平滑肌有松弛作用。

◆ 用量

马、牛:15~60 g;猪、羊:10~15 g;犬、猫:5~8 g;兔、禽:0.5~3 g。

◆ 应用研究

(1) 茴香、当归、川芎、熟地、管桂、杜仲(炒)、元参、阳起石、阴起石各 30 g,共研细末,掺入母猪饲料内喂服,治疗不孕症。

(2) 茴香 7%、辣椒 12%、甘草 23%、姜粉 23%、五加皮 23%、硫酸铁 12%(夏季用),或茴香 8%、姜粉 24%、肉桂 50%、胆草 9%、硫酸铁 9%(冬季用),共研粉末,每只鸡每次按 0.5~1 g 拌料,酌加清水,每 2 天 1 次,用药后鸡食欲增加,毛色变亮,换羽期缩短。

（3）枸杞子 90 g、阳起石 90 g、女贞子 90 g、淫羊藿 150 g、合欢花 150 g、覆盆子 60 g、补骨脂 30 g、小茴香 50 g、夜交藤 120 g，共研细末，母猪每次 50 g 拌入饲料中饲喂，治疗不孕症。

防风

防风为伞形科植物防风[*Saposhnikovia divaricata*（Turez.）Schischk.]的干燥根。主要产于黑龙江、吉林、内蒙古、辽宁等地，皖北栽培 1 种，亳州有栽培。春、秋采挖，去净残茎、毛须、泥土等杂质，晒干，切片。生用或炒用。

◆ 形态特征

生活型：多年生草本。

株：高达 80 cm。

根：主根圆锥形，呈淡黄褐色。

茎：茎单生，二歧分枝，基部密被纤维状叶鞘。

叶：基生叶有长柄，叶鞘宽；叶呈三角状卵形，二至三回羽裂；一问羽片卵形或长圆形，长为 2~8 cm，有柄；小裂片呈线形或披针形，先端尖；茎生叶较小。

图 2-19　防风

花：复伞形花序顶生和腋生，总苞片无或 1~3；伞辐 5~9，小总苞片 4~5，呈线形或披针形；伞形花序有 4~10 花；萼齿三角状卵形；花瓣呈白色，倒卵形，先端内曲；花柱短，外曲。

果：果呈窄椭圆形或椭圆形，背稍扁，有疣状突起，背棱丝状，侧棱具翅；每棱槽油管 1，合生面油管 2。

◆ 生态习性

国内产地：黑龙江、吉林、辽宁、内蒙古、河北、宁夏、甘肃、陕西、山西、山东等地。

国外分布：朝鲜、蒙古及俄罗斯西伯利亚东部有分布。

生境：草原、丘陵、多砾石山坡。

物候期：花期为8～9月，果期为9～10月。

◆ 性味、归经

辛、甘，微温。入膀胱、肝、脾经。

◆ 功效

发表祛风，胜湿解痉。

◆ 成分

含色酮类成分，如防风色酮醇（ledebouriellol）、亥茅酚（hamaudol）、31-O-乙酰基亥茅酚（3-O-acetylhamoudol）、3-O-当归酰基亥茅酚、5-O-甲基齿阿米醇（5-O-meth-ylvisamminol）、升麻素等；香豆精类成分，如香柑内酯（bergapten）、补骨脂素（psoralen）、欧前胡内酯（imperatorin）、珊瑚菜素（pbellopterin）、花椒毒素（xantho-toxin）、川白芷内酯（anomalin）等；聚乙炔类成分，如镰叶芹醇（falcarinol）即人参炔醇（panaxynol），镰叶芹二醇（falacarindiol）等；又含防风酸性多糖（saposhnikoran）A、C；含挥发油，有辛醛（octanal）、β-甜没药烯（β-bisabolene）等数十种成分。

◆ 药理

具有解热、抗炎镇痛、增强免疫、抗惊厥、抗菌等作用。

◆ 用量

马、牛：14～45 g；猪、羊：5～15 g；犬：3～8 g；兔、禽：1.5～3 g。

◆ 应用研究

（1）辛夷、防风、薄荷各60 g，陈皮、白芷、桔梗各5 g，藿香、荆芥各10 g，茯苓、黄芩各12 g，苍耳子9 g，煎汤饮水，治鸡慢性呼吸道病。

（2）没药50 g，防风25 g，血竭25 g，三七25 g，红花30 g，秦艽25 g，杜仲35 g、独活25 g，赤芍20 g，土鳖虫25 g，乳香25 g，炙马钱5 g，共研细末，水煎或开水冲服，用于气血淤滞、慢性风湿症。

柴胡

柴胡为伞形科植物柴胡（北柴胡）（*Bupleurum chinense* DC.）或狭叶柴胡（南柴胡）（*B. scorzoneri folium* Willd.）的干燥根。北柴胡主要产于安徽、辽宁、甘肃、河北、河南等地；南柴胡主要产于安徽、湖北、江苏、四川等地。春秋采挖，除去茎叶及泥沙，晒干，切短节。生用、酒炒、醋炒或鳖血拌炒用。

◆ 性味、归经

苦、辛，微寒。入肝、胆、心包、三焦经。

◆ 功效

和解退热，疏肝理气，升举阳气。

◆ 成分

北柴胡含挥发油0.15%，主要为戊酸、己酸、庚酸、2-庚烯酸、辛酸、2-辛烯酸、壬酸、2-壬烯酸、苯酚(phenol)、2-甲基环戊酮(2-methoxyphenol)、柠檬烯(limo-nene)、月桂烯(myrecene)等；又含柴胡皂苷(sailosaponin)a、c、d、s1,侧金盏花醇(adonitol),ar-菠菜甾醇(a-spinasterol),柴-11-5311酸性多糖。狭叶柴胡含挥发油,主要为β-松油烯(β-terpinene)、柠檬酸、樟烯(camphene)、β-小茴香烯(β-feuchene)、胡薄荷酮等,以及柴胡皂苷a、c、d。

图2-20　柴胡

◆ 药理

具有抗炎、增强免疫、助消化、镇静、抗惊厥、降血压、减慢心率、抗病原微生物、抗肿瘤等作用。

◆ 用量

马、牛:15～45 g;猪、羊:3～10 g;犬:2～5 g;兔、禽:1～3 g。

◆ 应用研究

(1) 柴胡、荆芥、半夏、茯苓、甘草、贝母、桔梗、杏仁、玄参、赤芍、厚朴、陈皮各30 g,细辛6 g,制粗粉,过筛混匀。药粉加沸水焖30 min,取上清液混饮或拌料,防治鸡呼吸道传染病,包括慢性呼吸道疾病、传支、传喉等。

(2) 苍术2份,厚朴、白术、柴胡、干姜、肉桂、白芍、龙胆草、黄芩各1份,木炭适量,共研细末,成鸡每次5 g,雏鸡每次2～3 g混饲,每天两次,对鸡腹泻的治愈率可达91.2%。

(3) 鲜车前草1000 g,鲜金银花、鲜柴胡、鲜大青叶各500 g,板蓝根50 g,甘草30 g,石膏250 g,加水10 kg煎汁,1000只雏鸡一次混饮,防治鸡的传染性法氏囊病。

蛇床子

蛇床子为伞形科植物蛇床[*Cnidium monnieri*(L.)Cusson.]的成熟干燥果实。全国各地均产,以广东、广西、江苏、安徽等地为多。夏秋两季果实成熟时割取全株,晒干,打下果实,筛净。生用。

图 2-21　蛇床子和蛇床

◆ 性味、归经

辛、苦,温。有小毒。入脾、肾经。

◆ 功效

燥湿杀虫,温肾壮阳。

◆ 成分

含挥发油,包括环莳烯(cyclofenchene)、α 和 β-张烯(pinene)、樟烯(camphene)、月桂烯(myrcene)、柠檬烯(limonene)、α 和 β-松油烯(terpinene)、3,5-二甲基苯乙烯、异龙脑(isoborneol)、二戊烯氧化物、反式丁香烯(caryophyllene)、α-香柑油烯(abergamotern)等。从醇提物中分离喷嚏木素(umtatin),蛇床酚(cnidimol)A,B,酸橙内酯烯醇(auraptenol),去甲基酸橙内酯烯醇,欧前胡内酯(imjperatorin),香叶木素(diosmetin),对香豆酸(coumaricacid)等。

◆ 药理

具有抗心率失常、抑制心脏、扩张血管、降血压、镇静、祛痰平喘、增强免疫功能、抗诱变、延缓衰老、杀精、抗病原微生物等作用。

◆ 用量

马、牛:30～60 g;猪、羊:15～30 g;犬:3～5 g。外用适量。

◆ 应用研究

(1)在公鸡日粮中饲喂由淫羊藿、菟丝子、蛇床子、黄芪、党参、甘草组成的"鸡生精散",可促进公鸡性功能,试验组睾丸平均重 11.76±9.30 g,对照组为 1.93±2.60 g,差异极显著;试验组平均体重为 2.006±0.152 kg,对照组为 1.83±0.117 kg,差异显著;试验组平均在 158 天即可采出品质优良的精液,比对照组提早 18 天。

(2)将蛇床子、淫羊藿、何首乌等组方,在蛋鸡饲料中分别添加 0.25%、0.5%、1%,产蛋率分别比对照组提高 4.25%、5.4%、6.35%,饲料转化率分别比对照组提高 1.8%、2.5%、3.0%。

川芎

川芎为伞形科植物川芎（*Ligusticum wallichii* Franch.）的干燥根茎，为四川特产药物，在安徽有人工种植。温暖地区小满后采挖，寒冷地区小暑后采挖。去净泥土，晒干或烘干后去须根，润透切片或趁鲜切片。生用或酒炒、麸炒用。

图 2-22　川芎

◆ 形态特征

生活型：多年生草本。

株：高 40～60 cm。

茎：根茎发达，形成不规则的结节状拳形团块，具浓烈香气；茎直立，呈圆柱形，具纵条纹，上部多分枝，下部茎节膨大呈盘状（苓子）。

花：复伞形花序顶生或侧生；总苞片 3～6，线形，长为 0.5～2.5 cm；伞辐 7～24，不等长，长为 2～4 cm，内侧粗糙；小总苞片 4～8，线形，长为 3～5 mm，粗糙；萼齿不发育；花瓣呈白色，倒卵形至心形，长为 1.5～2 mm，先端具内折小尖头；花柱基圆锥状，花柱 2，长为 2～3 mm，向下反曲。

果：幼果两侧扁压，长为 2～3 mm，宽约为 1 mm；背棱槽内油管 1～5，侧棱槽内油管 2～3，合生面油管 6～8。

◆ 生态习性

国内产地：栽培植物，主要产于四川（灌县），在云南、贵州、广西、湖北、江西、浙江、江苏、陕西、甘肃、内蒙古、河北等地均有栽培。

物候期：花期为 7～8 月，幼果期为 9～10 月。

◆ 性味、归经

辛，温。入肝、胆、心包经。

◆ 功效

活血行气，祛风止痛。

◆ 成分

含川芎嗪、黑麦草碱、藁本内酯、3-亚丁基苯酞、川芎内酯、新川芎内酯、洋川芎

内酯、洋川芎醌、4-羟基-3-甲氧基苯乙烯、对羟基苯甲酸、香草酸、咖啡酸、原儿茶酸阿魏酸、大黄酚蒽丹酸、尿嘧啶、三甲胺、胆碱、棕榈酸、香草醛等。

◆ 药理

川芎及川芎嗪对离体大鼠或鼠心脏具有显著增加冠脉流量作用。犬静注川芎嗪可扩张脑血管、增加脑血流量、降低血压、抗血小板聚集。还具有抗肝纤维化、保护胃黏膜、保护胰脏、抗肿瘤及抗放射、增强免疫等作用。对豚鼠离体气管条收缩有一定抑制作用。川芎嗪对豚鼠有强心作用,而对离体豚鼠则导致其心肌收缩力下降、心率减慢。兔静注川芎嗪可明显增加肾血流量,并有利尿作用;每千克兔按 40 mg静注,能明显加速肠系膜微循环血流速度,增加微循环开放数目。

◆ 用量

马、牛:20~25 g;猪、羊:6~10 g;犬、猫:3~5 g;兔、禽:0.5~1.5 g。

◆ 应用研究

(1)川芎、当归、黄芩、白芍各 1000 g,白术 500 g,益母草 1500 g,混合粉碎,按5%加入鸡饲料中饲喂,能使初产蛋鸡群的难产、脱肛、产畸形蛋、血蛋发病率下降、畸形蛋和血蛋数下降 40%~65%;对于因营养不平衡或管理不当造成产蛋偏低鸡群,可提升产蛋率 5%~10%;对于因环境问题引起产蛋下降,大部分用药 3~5 天后可恢复正常。

(2)当归、川芎、王不留行、路路通、延胡索、木香、炮甲珠、通草、瓜蒌,共研细末,每头母猪每天按 50 g 拌料饲喂,连服 4 天,有通乳作用。

(3)当归 30 g,白芍、生地、柴胡、花粉、炮山甲各 25 g,川芎、漏芦、桔梗、通草、白芷、甘草各 15 g,青皮 20 g,木通 10 g,王不留行 60 g,共研细末,每头母猪每天按50 g 拌料饲喂,活血下乳。

15. 五加科 Araliaceae

五加皮

五加皮为五加科植物细柱五加(*Acanthopanax gracilistylus* W. W. Smith.)的干燥根皮。五加皮主要产于浙江、河南、湖北、湖南、四川等地,安徽地区有人工种植。夏秋挖出根部,剥取根皮,晒干。切片生用或炒用。

◆ 性味、归经

辛、苦,温。入肝、肾经。

◆ 功效

祛风湿,强筋骨,利水消肿。

◆ 成分

根中含刺五加苷(eleutheroside)B、丁香苷(syringin)、芝麻素(sesamin)、β-谷

甾醇葡萄糖苷、β-谷甾醇(β-sitosterol)、硬脂酸、16α-羟基左旋-19-贝壳松酸、16-贝壳松烯-19-酸(kaur-16-en-19-oicacid)及对映-16α,17-二羟基-19-贝壳松酸。

图 2-23　细柱五加和五加皮

◆ 药理

具有抗疲劳、耐常压缺氧、抗菌、止血以及抑制体外巨噬细胞吞噬等作用。细柱五加总皂苷 3 g/kg 口服给药 5 天,能使小鼠有明显的抗高温和抗低温作用,能明显延长小鼠持续游泳时间,还具有抗小鼠常压耐缺氧作用。南五加总糖苷15 g/kg、22.5 g/kg 腹腔给药有提高小鼠耐缺氧能力的作用,使小鼠存活时间分别延长 33% 和 18.3%,还有抗"虚证"作用,能延长氢考小鼠及利血平化小鼠的持续游泳时间。

◆ 用量

马、牛:15～45 g;猪、羊:6～12 g;犬、猫:3～6 g;兔、禽:1.5～3 g。

◆ 应用研究

(1)在奶牛饲料中按 1 mL/kg 刺五加根皮 1∶1 的浸剂,产奶量提高 15%～35%。

(2)神曲、麦芽、海龙、党参、当归、五加皮、苦参、陈皮及多种维生素组成的"蛋壳素",可提高蛋鸡产蛋性能 0.02%,产蛋率比对照组提高了 6.5%,料蛋比下降7.28%。蛋壳的厚度加大,蛋壳的强度也有加强的趋势,产蛋鸡日粮中添加"蛋壳素"可显著降低鸡群破蛋率。

(3)刺五加茎粉添加在畜禽的各个生长阶段,肉仔鸡、蛋雏鸡、仔猪的添加量均为 1%;育肥猪、公猪、母猪、育成蛋鸡的添加量均为 2%;产蛋鸡的添加量为 3%。结果蛋雏鸡成活率试验组比对照组高 2.4%;产蛋鸡 355 天平均产蛋率比对照组高8.15%,蛋重提高 0.56%,料蛋比下降 7.3%;肉仔鸡成活率试验组比对照组高4.6%;育肥猪日增重比对照组高 60～99 g。

芍药

植物芍药(*Paeonia lactiflora* Pall.)为多年生草本;花数朵生茎顶和叶腋,直径为5.5~11.5 cm;花盘浅盘状,肉质,包裹心皮基部,心皮无毛。安徽颍上、临泉、阜南、阜阳、利辛、太和、界首、亳州、涡阳、蒙城、淮北、灵璧有栽培。以亳州栽培面积较大。分布于河北、山西、陕西、甘肃、内蒙古及东北地区,浙江、山东、四川、贵州等地有栽培。根入药,中药名同植物名,分白芍和赤芍,具镇痛、镇痉、祛风、活血、抗菌作用;著名花卉。

◆ 形态特征

识别要点:心皮密生柔毛。

生活型:多年生草本。

根:根粗壮,分枝呈黑褐色。

茎:茎高为40~70 cm,无毛。

叶:下部茎生叶为二回三出复叶,上部茎生叶为三出复叶;小叶呈窄卵形、椭圆形或披针形,先端渐尖,基部呈楔形或偏斜,具白色骨质细齿,两面无毛,下面沿叶脉疏生短柔毛。

花:花数朵,生茎顶和叶腋,有时仅顶端一朵开放,径为8~11.5 cm;苞片4~5,呈披针形,不等大;萼片4,呈宽卵形或近圆形,长为1~1.5 cm;花瓣9~13,呈倒卵形,长为3.5~6 cm,呈白色,有时基部具深紫色斑块;花丝长为0.7~1.2 cm,呈黄色;花盘浅杯状,仅包心皮基部,顶端裂片纯圆;心皮(2)4~5,无毛。

果:蓇葖果长为2.5~3 cm,径为1.2~1.5 cm,顶端具喙。

◆ 生态习性

国内产地:东北、华北、陕西及甘肃南部。

国外分布:朝鲜、日本、蒙古及俄罗斯西伯利亚地区。

生境:山坡草地。

海拔:480~2300 m。

物候期:花期为5~6月,果期为8月。

(1) 白芍

白芍为毛茛科植物芍药的干燥根。主要产于浙江、安徽、四川等地。浙江产者称"杭芍药",品质最佳;安徽产者称"亳白芍",产量较大;四川产者名"川白芍",又名"中江芍",产量亦大。夏秋采挖,去净泥土和须根,去皮,沸水浸或略煮至受热均匀,晒干。切片生用,酒炒或炒用。

◆ 性味、归经

苦、酸,微寒。入肝经。

◆ 功效

养血敛阴,柔肝止痛。

图 2-25　白芍和芍药

◆ 成分

含芍药苷、羟基芍药苷、苯甲酰芍药苷、白芍苷、芍药苷元酮、芍药新苷、胡萝卜苷、苯甲酸、芍药内酯 A、芍药内酯 B、芍药内酯 C 和儿茶精等。

◆ 药理

具有增强免疫力、抗菌、抗炎、抗肿瘤、镇痛、镇静、抗惊厥、解痉、预防消化道溃疡等作用。

◆ 用量

马、牛:15～60 g;猪、羊:10～15 g;犬、猫:5～8 g。

◆ 应用研究

(1) 芍药 60 g、黄芪 20 g、川芎 20 g、蒲公英 40 g、王不留行 20 g、益母草 20 g、柴胡 10 g、甘草 10 g,共为细末,按 1% 的比例添加于奶牛饲料中投喂,可显著提高其免疫功能,预防隐性乳房炎;治疗隐性乳房炎,每天按 100 g 饲喂,效果显著。

(2) 白芍、苍药、厚朴、白术、干姜、肉桂、柴胡、龙胆、黄芩组方制成散剂,按 1% 的比例添加于饲料投喂,对鸡的沙门氏菌、大肠杆菌有较好的抑菌作用。临床用药治疗总有效率达 95%,可作为饲料添加剂预防雏鸡的腹泻病。

(3) 白芍、血见愁、乌梅、山药、泽泻、苍术、黄芪各等份,共为细末,按每头每次 60 g 加入母猪饲料中,从产仔的当日起连喂 6～10 天,对仔猪黄痢和白痢均有比较理想的预防效果,而且能显著增加窝重、提高繁殖成活率。

(4) 白芍、苍术、地榆炭各 2 份,厚朴、白术、干姜、肉桂、柴胡、龙胆草、黄芩各 1 份,按用药要求炮制后制成干粉。每羽鸡每天按 2.0 g 拌料饲喂,可有效防治雏鸡的沙门氏菌病和大肠杆菌病。

(5) 白芍、青蒿、仙鹤草、硫黄、穿心莲、金银花、甘草配伍,制成散剂,按 1% 的比例添加于饲料中投喂,对鸡的球虫病具有良好的预防和治疗作用,并能提高鸡的增重。

（2）赤芍

赤芍为毛茛科植物芍药（*Paeonia lactiflora* Pall.）或川赤芍（*P. veitchii* Lynch）的根。分布于东北、华北及陕西、安徽、江西、河南、湖北、湖南、贵州、四川、西藏等地。秋季采挖,除去茎秆、芦头、须根,刮去粗皮,晒干。切片生用。

图 2-26　赤芍和芍药

◆ 性味、归经

苦、微寒。入肝、脾经。

◆ 功效

清热凉血,祛瘀止痛。

◆ 成分

赤芍药含芍药苷（paeoniflorin）、苯甲酰芍药苷、花青素（eyanidol）、生物碱、蒽酮等。草药芍含挥发油、脂肪油、树油、鞣质、糖、淀粉、黏液质、蛋白质等。另含苯甲酸、氧化芍药苷（oxypaeoniflorin）、牡丹酚原苷（peonolide）。

◆ 药理

具有改善血液循环、抑制平滑肌、镇痛、镇静、抗惊厥、抗菌、保肝等作用。

◆ 用量

马、牛:20～45 g;猪、羊:9～15 g;犬:5～8 g;兔、禽:1～2 g。

◆ 应用研究

（1）淫羊藿、益母草、破故纸、肉苁蓉、阳起石、全当归、赤芍各 30 g,水煎,红糖为引,治疗母猪不孕。

（2）柴胡、荆芥、半夏、茯苓、贝母、桔梗、杏仁、玄参、赤芍、厚朴、陈皮各 30 g,细辛 6 g,制粗粉,过筛混匀,药粉加沸水焖 30 min,上清液加水适量饮服,也可直接拌料,防治鸡呼吸道传染病,包括慢性呼吸道疾病、传支、传喉等。

(3)何首乌、山楂、麦芽、山药、甘草、槟榔、芍药、五味子、胡椒,共研细末,每只鸡每天按2g拌料饲喂,用于鸡增重。

牡丹皮

中药牡丹皮为毛茛科植物牡丹(*Paconia suffruticosa* Andr.)的干燥根皮。主要产于安徽、山东、湖南、四川、贵州等地。栽培者多在秋季收获,除去须根和木心,晒干。切片生用或炒用。

植物牡丹为灌木;花单生枝端,直径为12～20 cm;花盘呈杯状,革质,全包心皮,心皮密被柔毛,阜阳、太和、亳州、涡阳、蒙城、淮北、灵璧有栽培。原产中国,全国各地有栽培。根皮入药,中药名丹皮,为镇痛、活血、凉血、散瘀药;也是著名花卉,栽培品系颇多。

图 2-27　牡丹皮和牡丹

◆ 形态特征

生活型:落叶灌木。

茎:茎高达2 m;分枝短而粗。

叶:叶常为二回三出复叶;顶生小叶呈宽卵形,长为7～8 cm,3裂至中部,裂片不裂或2～3浅裂,上面呈绿色,无毛,下面呈淡绿色,有时具白粉,无毛,小叶柄长为1.2～3 cm;侧生小叶呈窄卵形或长为圆状卵形,长为4.5～6.5 cm,不等2裂至3浅裂或不裂,近无柄;叶柄长为5～11 cm,和叶轴一样均无毛。

花:花单生枝顶,苞片5,萼片5,花瓣5,或为重瓣,呈玫瑰、红紫或粉红色至白色,呈倒卵形;心皮5,稀更多,密生柔毛。

果:蓇葖呈长圆形,密生黄褐色硬毛。

◆ 生态习性

物候期:花期为4～5月,果期为8～9月。

◆ 性味、归经

苦、辛,微寒。入心、肝、肾经。

◆ 功效

清热凉血,活血散瘀。

◆ 成分

含芍药苷(paeoniflorin)、苯甲酰芍药苷、氧化芍药药苷、牡丹皮(paeonol)、牡丹皮苷(paeonoside)、牡丹皮新苷(apiopaeonoside)、苯甲酰基氧化芍药苷、2,3-二羟基-4-甲氧基苯乙酮、1,2,3,4,6-五-没食子酰葡萄糖(1,2,3,4,6-pentagalloyl-glucose)、挥发油、植物甾醇(phytosterol)和生物碱。

◆ 药理

具有增强免疫、抗炎、改善血液循环等作用。

◆ 用量

马、牛:20~45 g;猪、羊:6~12 g;犬:3~6 g;兔、禽:1~2 g。

◆ 应用研究

(1) 枸杞 50 g、巴戟 40 g、覆盆子 40 g、淫羊藿 25 g、山萸肉 20 g,熟地、补骨脂、益智仁、麦冬、五味子、肉苁蓉、白附子、生地、丹皮、葫芦巴、泽泻、云苓、山药各 15 g,共为细末,开水冲服,每天 1 剂,连用 3~5 剂,治公马阳痿症。

(2) 蒲公英 3 g、白头翁、生地各 4 g、金银花、丹皮、芦根各 3 g,煎汁加糖,10 羽鸡一次饮服,防治传染性法氏囊病。

(3) 黄连 30 g、黄芩 30 g、黄柏 30 g、玄参 30 g、牡丹皮 30 g、生地 60 g,共研细末,每头猪每天按 30 g 添入饲料中饲喂,连服 7 天,可治疗疹块型猪丹毒。

白头翁

白头翁为毛茛科植物白头翁[*Pulsatilla chinensis*(Bge.)Reg.]的干燥根或全草。多产于东北、内蒙古、华北、华中等地,春季开花前或秋末叶黄时均可采收,一般认为春季采收质量较好。采收时,将根挖出,除去叶及残留的花茎和须根,保留根头白绒毛,洗净泥土,晒干。生用。

◆ 性味、归经

苦,寒。入大肠、胃经。

◆ 功效

清热解毒,凉血止痢。

◆ 成分

根含白头翁皂苷 A、B、C、D、A_3、B_4,白桦脂酸,胡萝卜苷和白头翁素等。鲜根含毛茛苷,干后即酶解成原白头翁素。

图 2-28　白头翁

◆ 药理

具有抗阿米巴原虫、抗菌、抗肿瘤、抗阴道滴虫、增强机体免疫力的作用;另外,白头翁提取物有镇静、镇痛及抗痉挛作用;从白头翁提取的翁因及翁灵具有类似洋地黄的强心作用;通过体外杀精子的研究表明,白头翁皂有较强的杀精子作用。

◆ 用量

马、牛:20～45 g;猪、羊:6～12 g;犬、猫:1～5 g;兔、禽:1.5～3 g。

◆ 应用研究

(1) 白头翁、连翘、苍术、当归、鱼腥草、川芎、山楂、麦芽、黄芪和蒲公英 10 味中草药(各 50 g)及增效剂配伍组成中药添加剂,按每头每天 100 g 的剂量分 2 次添加在母猪的饲料中,能有效预防仔猪的黄白痢,并能显著降低仔猪的死亡率,显著提高仔猪的育成率、增加窝重。

(2) 干姜 20 g、地榆 30 g、金银花 35 g、白头翁 25 g,每天 1 剂,连服 2 天,治疗仔猪白痢。

(3) 生姜、白头翁各 30 g,水煎后加少许糖拌料喂母猪,每天 1 剂,治疗仔猪寒湿泻痢。

(4) 黄芩、大青叶、白头翁等中药,治疗出售前 1～2 周鸡大肠杆菌病,每只鸡每天按 1.5 g 剂量喂服,连喂 3 天。

(5) 白头翁 15 g、白术 15 g、白芍 10 g,研末过筛,按每只雏鸡每天 0.20 g 拌料,连用 7 天,用于防治雏鸡白痢。

(6) 白头翁 4 份、龙胆草 2 份、大黄 1 份,共研细末,治疗鸡白痢,预防量为每只鸡 0.2 g,治疗量为每只鸡 0.4～0.7 g。

黄连

黄连为毛茛科植物黄连(*Coptis chinensis* Franch.)、三角叶黄连(*C. deltoidea*

C. Y. Chenget Hsiao)及云连(*C. teetoides* C. Y. Cheng.)的干燥根茎。主要产于我国中部及南部各省,以四川、云南产量较大。秋季采挖5~7年的植株,除去苗叶、须根,干燥。生用,姜汁炒或酒炒用。

图 2-29　黄连

◆ 形态特征

茎:根状茎即黄连。

叶:叶具长柄,叶薄革质,呈卵状五角形,基部心形,3全裂,全裂片具柄,中裂片菱状卵形,呈羽状深裂,小齿具细刺尖,侧裂片斜卵形,不等2深裂。

花:花葶高达25 cm;花序具3~8花;苞片窄长,羽状分裂;萼片呈黄绿色,披针形,长为0.9~1.2 cm;花瓣呈线状披针形,长为5~6.5 mm;雄蕊长为3~6 mm;心皮8~12。

果:蓇葖长为6~8 mm,心皮柄与蓇葖近等长;种子长2 mm。

◆ 生态习性

国内产地:分布于四川、贵州、湖北、湖南及陕西西南部地区。

生境:山地林中或山谷阴处,野生或栽培。

海拔:500~2000 m。

物候期:花期为2~3月。

◆ 性味、归经

苦,寒。入心、肝、胃、大肠经。

◆ 功效

清热燥湿,清心泻火,清热解毒。

◆ 成分

黄连根茎含小檗碱、黄连碱、表小檗碱、小檗红碱、掌叶防己碱、非洲防已碱、药根碱、甲基黄连碱、木兰花碱、阿魏酸、黄柏酮、黄柏内酯。三角叶黄连根茎含表小蘗碱、小蘗碱、黄连碱、掌叶防己碱、药根碱、甲基黄连碱、木兰花碱。云连根茎含小蘗碱、掌叶防己碱、药根碱、甲基黄连碱、木兰花碱、黄连碱、5-羟基小蘗碱。

◆ 药理

具有抗微生物和抗原虫、抗血小板聚集及溶栓、保护脑损伤、降血糖、抗肿瘤、抗心律失常、抗心肌缺血作用;另外,小蘗碱(Ber)侧脑室注射可改善东莨菪碱所致小鼠记忆获得障碍及促进正常小鼠的记忆保持,可增强小鼠非特异免疫反应,抑制细胞和体液免疫功能;黄连对乙醇引起的胃损伤有保护作用。

◆ 用量

马、牛:10~30 g;猪、羊:5~15 g;犬:3~8 g;兔、禽:0.5~1 g。外用适量。鱼:2~5 g/kg,拌饵投喂;按 1.5~2 g/m³,泼洒鱼池。

◆ 应用研究

(1) 黄连 10 g、陈皮 10 g,煎汁拌料或灌服 10~20 mL,对兔腹泻有效。

(2) 黄连、黄芩各 5 g,葛根 6 g,甘草 2 g,防治兔大肠杆菌病。

(3) 黄连、黄芩、白头翁、乌梅、白芍、常山、白术等各等份,按 2% 比例与饲料混合,让鸡自由采食,对不能采食的严重病鸡可灌服药液,每千克体重用生药 4 g,连用 6 天,治疗鸡白痢,治愈率为 96.7%,同时可提高产蛋率。

(4) 大黄、黄连、黄芩、黄柏,共研细末,按 1% 添加在饲料中投喂,治疗鸡禽霍乱。

(5) 黄芩、黄连、黄柏、白头翁、穿心莲等共研细末,在饲料中添加预防鸡大肠杆菌,1~6 日龄鸡按 1%,10~14 日龄鸡按 1.5%,21~24 日龄鸡按 2%,发病率分别降低 20%、20% 和 40%。

17. 蔷薇科 Rosaceae

枇杷叶

中药枇杷叶是蔷薇科植物枇杷[*Eriobotrya japonica*(Thunb.)Lindl.]的干燥叶片。产于长江流域及华南各省。春末夏初采收鲜叶,晒干,刷去绒毛,洗净切碎。生用或蜜炙用。

枇杷:皖北地区栽培 1 种。阜阳、怀远、风台有栽培,冬期须防寒,易冻伤,挂果率受气温影响。原产于四川北部,现长江流域及南方各省区均有栽培;河南、陕西、甘肃等省有少量栽培。果为水果之一;制蜜饯、酿酒;去毛之叶入药,可化痰止咳、和胃降气;器具用料。

◆ 形态特征

生活型:常绿小乔木。

图 2-30　枇杷和枇杷叶

株：高达 10 m。

枝：小枝粗，密被锈色或灰棕色绒毛。

叶：叶革质，呈披针形、倒披针形、倒卵形或椭圆状长圆形，长为 12～30 cm，先端急尖或渐尖，基部楔形或渐窄成叶柄，上部边缘有疏锯齿，基部全缘，上面多皱，下面密被灰棕色绒毛，侧脉 11～21 对；叶柄长为 0.6～1 cm，被灰棕色绒毛，托叶钻形，有毛。

花：花多数组成圆锥花序，萼片呈三角状卵形，花瓣呈白色，长圆形或卵形，基部有爪；雄蕊 20，花柱 5，离生。

果：果呈球形或长圆形，黄或橘黄色。

◆ 生态习性

国内产地：产西北东南部、华中、华东、华南至西南东部一带。

物候期：花期为 10～12 月，果期为 5～6 月。

◆ 性味、归经

苦，平。入肺、胃经。

◆ 功效

化痰止咳，和胃降逆。

◆ 成分

含苦杏仁苷、枇杷呋喃、枇杷佛林 A、金丝桃苷等橙花叔醇的糖苷、以橙花叔醇和金合欢醇为主要成分的挥发油和酒石酸、枸橼酸、苹果酸、齐墩果酸、熊果酸、马斯里酸等。

◆ 药理

具有抗炎、镇咳作用；枇杷叶的甲醇提取物中的倍半萜葡萄糖苷和多羟基三萜烯苷可显著降低遗传性糖尿病小鼠的尿糖，后者还可降低正常小鼠的血糖。枇杷叶所含苦杏仁苷在体内水解产生的氢氰酸有止咳作用。水煎剂或乙酸乙酯提取物有祛痰和平喘作用。所含挥发油有轻度祛痰作用,皂草苷是枇杷叶止咳、祛痰的主要有效成分。

◆ 用量

马、牛:15~30 g;猪、羊:3~10 g;犬:2~5 g;兔、禽:1~2 g。

◆ 应用研究

(1) 鲜枇杷叶(去毛)120 g、桔梗 60 g,水煎取汁,加蜂蜜 120 g,混饲,用于牛感冒咳嗽、气急喘息。

(2) 枇杷叶(去毛)200 g、桑白皮 200 g,水煎取汁,体重为 50 kg 的猪需分 2 次混饲,用于治疗猪气喘病。

(3) 枇杷叶、款冬花、马兜铃、瓜蒌根、天门冬、麦门冬、紫苏子、红花子、自然铜、没药、紫菀、杏仁、知母、贝母、当归、芍药、秦艽、瞿麦、木通、阿胶、地龙、地黄、黄连、甘草各等份,共为细末,童便为引,草后灌服,用于治疗马肺伤咳嗽。

(4) 枇杷叶(童便浸)、款冬花、广木香、丁香、香附、沉香、槟榔、吴茱萸、胡椒、桔梗、细辛、五味子、瓜蒌、门冬、黄芩各等份,童便为引,煎浓合服,用于治疗马逆气咳喘。

木瓜

木瓜为蔷薇科植物贴梗海棠[*Chaenomeles speciosa*(Sweet)Nakai.]等的成熟干燥果实。以安徽宣城产者著名。四川、山东、江苏、浙江、湖北等地产。安徽省阜南、临泉、阜阳、亳州、宿县、灵璧等地区常见。7~8 月果实成熟时采收,纵切两半,晒干。生用。栽培于庭园供观赏;果入药,具镇咳、消暑、利尿、舒筋、活络、和胃、化湿、理气、宣肺功效;果经糖渍后可食。

图 2-31 木瓜和贴梗海棠

◆ 形态特征

生活型:灌木或小乔木。

株:高达 10 m。

枝:小枝无刺,幼时被柔毛;冬芽半圆形,无毛。

叶:叶呈椭圆形或椭圆状长圆形,稀倒卵形,长为 5～8 cm,先端急尖,基部呈宽楔形或近圆,有刺芒状尖锐锯齿,齿尖有腺,幼时下面密被黄白色绒毛,不久即脱落;叶柄长为 0.5～1 cm,微被柔毛,有腺齿,托叶膜质,卵状披针形,有腺齿。

花:花后叶开放,单生叶腋;花梗粗,长为 0.5～1 cm,无毛;花径为 2.5～3 cm;被丝呈托钟状,外面无毛,萼片呈三角状披针形,边缘有腺齿,外面无毛,内面被浅褐色绒毛,反折;花瓣呈淡粉红色,倒卵形;雄蕊多数,长不及花瓣 1/2;花柱 3～5,基部合生,被柔毛,柱头头状。

果:果呈长椭圆形,长为 10～15 cm,暗黄色,木质;味芳香;果柄短。

◆ 生态习性

国内产地:山东、陕西、湖北、江西、安徽、江苏、浙江、广东、广西。

物候期:花期为 4 月,果期为 9～10 月。

◆ 性味、归经

酸,温。入肝、脾、胃经。

◆ 功效

舒筋活络,和胃化湿。

◆ 成分

果实含苹果酸、枸橼酸、酒石酸、皂苷,还含齐墩果酸。

◆ 药理

具有保肝、抗菌作用;另外,木瓜提取物对小鼠艾氏腹水癌有抑制作用。木瓜提取液腹腔注射 7 天,对小鼠腹腔巨噬细胞吞噬功能有抑制作用。

◆ 用量

马、牛:15～30 g;猪、羊:6～12 g;犬、猫:3～6 g;兔、禽:1～2 g。

◆ 应用研究

(1) 添加 0.1%的木瓜蛋白酶,生长猪可获得显著的增重效果和饲料报酬。

(2) 添加 0.2%的木瓜酶饲喂肉猪,对提高增重和饲料报酬均有明显效果。

地榆

地榆为蔷薇科植物地榆(*Sanguisorba officinalis* L.)的根和根茎。全国各地均产,但以浙江、安徽、湖北、湖南、山东等省产量为多。安徽颍上、阜阳、萧县、淮北、宿县、灵璧、怀远,生于山坡草地、林缘疏林下或灌丛中。根入药,用于止血,治烧伤、烫伤。春秋采挖,洗净泥土,除去茎叶及须根,晒干或烘干。切片生用或炒用。

图 2-32 地榆

◆ 形态特征

生活型:多年生草本。

株:高达 1.2 m。

茎:茎有棱,无毛或基部有稀疏腺毛。

叶:基生叶为羽状复叶,小叶 4～6 对,叶柄无毛或基部有稀疏腺毛;小叶有短柄,呈卵形或长圆状卵形,长为 1～7 cm,先端圆钝稀急尖,基部呈心形或浅心形,有粗大圆钝稀急尖锯齿,两面绿色,无毛;茎生叶较少,小叶有短柄或几无柄,呈长圆形或长圆状披针形,基部呈微心形或圆,先端急尖;基生叶托叶膜质,褐色,外面无毛或被稀疏腺毛,茎生叶托叶草质,半卵形,有尖锐锯齿。

花:穗状花序呈椭圆形、圆柱形或卵凰形,直立,长为 1～4 cm,从花序顶端向下开放,花序梗光滑或偶有稀疏腺毛;苞片膜质,呈披针形,比萼片短或近等长,背面及边缘有柔毛;萼片 4,紫红色,呈椭圆形或宽卵形,背面被疏柔毛,雄蕊 4,花丝丝状,与萼片近等长或稍短;子房无毛或基部微被毛,柱头呈盘形,具流苏状乳头。

果:瘦果包藏宿存萼筒内,有 4 棱。

◆ 生态习性

物候期:花果期为 7～10 月。

◆ 性味、归经

苦、酸,涩,微寒。入肝、胃、大肠经。

◆ 功效

凉血止血,收敛解毒。

◆ 成分

根含地榆苷(ziyu-glycoside)I,甜茶皂苷(sanvissimoside)R,坡模醇酸,28-β-D-吡喃葡萄糖酯苷(pomolicacid-28-0-β-D-glucopyranoside),右旋儿茶精

(catechin)、阿魏酸（ferrulicacid）、山奈酚-3,7-O-二鼠李苷糖（kaempferol-3,7-O-dirhamnoside）、坡模酸（pomolicacid）、胡萝卜苷（daucosterol）、地榆皂苷元（sanguisorbigenin）、地榆皂苷元Ⅰ、Ⅱ，地榆素（sangguiin）H-1、H-2、G-3、H-4、H-5、H-6、H-7、H-8、H-9、H-10、H-11等。

◆ 药理

具有抗病原微生物、抗肿瘤、抗炎、镇吐、强心、止血等作用。

◆ 用量

马、牛：30～60 g；猪、羊：10～20 g；犬、猫：5～10 g；兔、禽：1～2 g。

◆ 应用研究

（1）地榆炭研为细末，以 0.1%～0.2% 添加到宠物饲料中投喂，可使粪尿等排泄物臭味大为减轻。

（2）地榆炭 30 g、厚朴 6 g、诃子 6 g、车前子 6 g、乌梅 6 g、黄连 2 g，共为细末，以 1.5% 添加于鸡饲料中，可有效防治腹泻，减轻粪便等排泄物臭味。

（3）炒地榆 50 g、大蒜 20 g、山楂 20 g、麦芽 20 g、陈皮 10 g、苍术 10 g、黄精 10 g、白头翁 10 g、板蓝根 10 g、生姜 10 g，共为细末，在断奶仔猪基础日粮中添加 1%，饲喂 30 天后，仔猪增重比对照组高 17.9%，料肉比降低 9.27%。

乌梅

乌梅为蔷薇科植物梅[*Armeniaca mume*（Sieb）Sieb. et Zucc.]的未成熟果实的加工熏制品。主要产于四川、浙江、福建、湖南、贵州。此外，广东、湖北、云南、陕西、安徽、江苏、广西、江西、河南等地亦产。5～6月果为青黄色（青梅）时采收，用火炕焙 2～3 昼夜可干，再闷 2～3 天，使色变黑即得。去核生用或炒用。

图 2-33 乌梅与梅

梅花为单瓣，斜着，呈白色或粉红色，萼呈红褐色。安徽省颍上、阜南、临泉、阜阳、利辛、太和、界首、亳州、涡阳、蒙城、淮北、宿县、泗县等地区有栽培。全国各地均有栽培。梅花是著名庭园观赏花木,我国栽培约 3000 年;花、叶、根、种仁均可入药;果鲜食或盐渍、干制;花可泡茶;果又可泡制成乌梅入药,具止咳、止泻、生津、消暑功效。

◆ 形态特征

生活型:小乔木,稀灌木。

株:高达 10 m。

枝:小枝绿色,无毛。

叶:叶呈卵形或椭圆形,长为 4~8 cm,先端尾尖,基部呈宽楔形或圆,具细小锐锯齿,幼时两面被柔毛,老时下面脉腋具柔毛;叶柄长为 1~2 cm,幼时具毛,常有腺体。

花:花单生或 2 朵生于 1 芽内,径为 2~2.5 cm,香味浓,先叶开放;花梗长为 1~3 mm,常无毛;花萼常呈红褐色,有些品种花萼为绿或绿紫色,萼筒呈宽钟形,无毛或被柔毛,萼片呈卵形或近圆形;花瓣呈倒卵形,白色或粉红色。

果:果呈近球形,径为 2~3 cm,熟时呈黄色或绿白色,被柔毛,味酸;果肉粘核;核呈椭圆形,顶端圆,有小突尖头,基部呈窄楔形,腹面和背棱均有纵沟,具蜂窝状孔穴。

◆ 生态习性

物候期:花期为冬季至春季,果期为 5~6 月(华北地区为 7~8 月)。

◆ 性味、归经

酸、涩,平。入肝、脾、肺、大肠经。

◆ 功效

敛肺,涩肠,生津,安神。

◆ 成分

果实含枸橼酸、苹果酸、草酸、琥珀酸等,以前两种为主;含游离氨基酸,主要为天冬酰胺;含糖,主要为葡萄糖、果糖及蔗糖;还含广藿香醇、5-羟甲基-2-糠醛、苯甲醛、苯甲醇、棕榈酸、乙酸丁酯等。

◆ 药理

具有抗病原微生物、驱蛔虫作用;还具有钙离子样拮抗作用;乌梅煎剂口服对胆囊有轻微收缩作用;小鼠玫瑰花环实验表明,有增强免疫作用。

◆ 用量

马、牛:15~30 g;猪、羊:6~10 g;犬、猫:3~5 g;兔、禽:0.6~1.5 g。

◆ 应用研究

(1) 乌梅 6 g,秦艽 6 g,黄连 6 g,郁金 6 g,猪苓 6 g,泽泻 6 g,诃子 6 g,神曲 9 g,焦楂 9 g,炙甘草 3 g,柿蒂 3 g,水煎服,治疗马、骡、驴哺乳幼驹拉稀。

（2）血见愁、乌梅、山泽泻、白芍、苍术等，粉碎加入饲料中，在母猪产仔当日投服，1 个疗程后，对仔猪黄痢有较明显的预防效果；投服第 2 个疗程，对仔猪黄痢和白痢有较理想的预防效果，且能显著提高仔猪育成率、增加窝重。

（3）石榴皮、白头翁、乌梅、白矾各 3 g，灶心土 15 g，水煎分 2～3 次服，治疗兔痢疾。

仙鹤草

仙鹤草为蔷薇科植物龙芽草（*Agrimonia pilosa* Ledeb.）的干燥地上部分。全国大部分地区均产。夏秋采收，洗净晒干。切段生用，偶有炒炭用。

图 2-34　仙鹤草和龙芽草

◆ 性味、归经

苦、涩，平。入肺、肝、脾经。

◆ 功效

收敛止血，消肿止痢。

◆ 成分

每 100 g 嫩茎叶含胡萝卜素 7.06 mg、核黄素 0.63 mg、抗坏血酸 175 mg。每克干品含钾 20.5 mg、钠 0.73 mg、钙 12.8 mg、镁 4.15 mg、磷 3.30 mg、铁 170 μg、锰 28 μg、锌 30 μg、铜 11 μg。龙牙草地上部分含金丝桃苷，2R,3R-花旗松素-3-葡萄糖苷，2S,3S-花旗松素-3-葡萄糖苷，木樨草素-7-葡萄糖苷，芹菜素-7-葡萄糖苷，槲皮素，并没食子酸，咖啡酸，没食子酸，赛仙鹤草酚 A、B、C、D、E、F、G，表没食子儿茶精，表没食子儿茶精没食子酸酯，表儿茶精没食子酸酯，鞣酸，1β、2α、19α-三羟基熊果酸，1β、2β、3β、19α-四氢熊果酸。龙牙草根含仙鹤草酚，仙鹤草内酯，仙鹤草素 A、B、C。

◆ 药理

具有抗凝血和抗血栓形成、抗肿瘤作用。仙鹤草嫩茎叶煎剂局部外用对阴道滴虫有良好杀灭作用。仙鹤草浓缩煎液灌胃对小鼠由化学和物理刺激引起的疼痛有明显的镇痛作用。

◆ 用量

马、牛：30～60 g；驼：30～100 g；猪、羊：10～15 g；犬、猫：5～8 g；兔、禽：1～1.5 g。

◆ 应用研究

（1）仙鹤草根芽150 g，黄柏50 g，大黄、白头翁各30 g，黄芩、甘草各20 g，共研细末，开水泡焖半小时后拌料，每兔日添2 g，对兔球虫病预防率为100%，治愈率为96%以上。

（2）仙鹤草、青蒿、硫黄、穿心莲、白芍、金银花、甘草等10余味中药组方，对鸡球虫病具有良好的预防和治疗作用。以1%添加剂量组最好。

山楂

山楂为蔷薇科植物山里红（*Crataegus pinnatifida* Bge. var. major N. E. Br.）、山楂（*C. pinnatifida* Bge.）或野山楂（*C. cuneata* Sieb. et Zucc.）的成熟果实。前二者为北山楂，主要产于安徽、东北、山东、河北、河南、辽宁等地；后者为南山楂，主要产于江苏、浙江、云南、四川等地。秋季果实成熟时采摘。北山楂采摘后，切片晒干入药，南山楂晒干入药。生用、炒用、炒焦或炒炭用。

图 2-35　山楂树和山楂果

◆ 形态特征

生活型：落叶乔木。

株：高达6 m。

茎：刺长为1～2 cm，有时五刺。

叶：叶呈宽卵形或三角状卵形，稀菱状卵形，长为5～10 cm，先端短渐尖，基部呈截形至宽楔形，有3～5对羽状深裂片，裂片呈卵状披针形或带形，先端短渐尖，疏生不规则重锯齿，下面沿叶脉疏生短柔毛或在脉腋有髯毛，侧脉6～10对，有的直达裂片先端，有的达到裂片分裂处；叶柄长为2～6 cm，托叶草质，镰形，边缘有锯齿。

花:伞形花序具多花,径为 4～6 cm;花梗和花序梗均被柔毛,花后脱落;花梗长为 4～7 mm;苞片呈线状披针形;花径约为 1.5 cm;萼片呈三角状卵形或披针形,被毛;花瓣呈白色,倒卵形或近圆形;雄蕊 20,花柱 3～5,基部被柔毛。

果:果近球形或梨形,深红色,小核 3～5。

◆ 生态习性

国内产地:黑龙江、吉林、辽宁、内蒙古、河北、河南、山东、山西、陕西、江苏。

国外分布:朝鲜和俄罗斯西伯利亚。

生境:山坡林边或灌木丛中。

海拔:100～1500 m。

物候期:花期为 5～6 月,果期为 9～10 月。

◆ 性味、归经

酸、甘,微温。入脾、胃、肝经。

◆ 功效

消食化积,活血化瘀。

◆ 成分

山里红果实含酒石酸(tartaricacid)、柠檬酸、山楂酸、黄酮类、内酯、糖类及类。野山楂果实中含柠檬酸、苹果酸(malicacid)、山楂酸、鞣质、皂、果糖、维生素 C、蛋白质及脂肪等。欧洲产山楂 Crataegus oxyacantha 等的果实中还含有熊果酸(ursolicacid)、齐墩果酸(olesnolicacid)、金丝桃苷(hyperoside)、咖啡酸(caffeicacid)、乙酰胆碱、胆碱、脂肪油、谷甾醇等。

◆ 药理

具有助消化、降血脂、抗菌、延缓衰老以及强心、减慢心率、扩张血管、降低血液黏度等作用。

◆ 用量

马、牛:20～45 g;猪、羊:10～15 g;犬、猫:5～8 g;兔、禽:1～2 g。

◆ 应用研究

(1) 山楂、首乌、麦芽、益精血、泽泻、茵陈、贯仲、姜黄等药组成添加剂,按 1%添加于蛋鸡日粮中,鸡血清超氧化物歧化酶(SOD)活力升高 26.24%,全血谷胱甘肽过氧化物酶(GSH-Px)活力升高 39.16%,血清中丙二醛(MDA)的含量降低 28.75%,产蛋率增加 8.68%。

(2) 山楂、苍术、陈皮、槟榔、黄芩、藿香、泽泻等中草药组成的添加剂,饲喂不同生长阶段的商品肉猪,血液中细胞平均血红蛋白浓度、嗜酸性粒细胞、血清免疫球蛋白和淋巴细胞的转化分别比对照组提高 27.8%、41.4%、14.8%、21.4%,能有效增强猪的抗应激能力。

（3）山楂、苍术、陈皮、槟榔、黄芩、神曲、蒲公英、野菊花、当归、益母草、枣仁、麦芽按比例配成抗热应激饲料添加剂,体重为 20～40 kg 的猪按 1% 添加于饲料中,体重为 40～60 kg 的中猪添加 0.5%,试验组猪的活重比对照组提高 8.7%,饲料转化率提高 12.4%。

（4）山楂 60 g、神曲 20 g、枳实 30 g、莱菔子 60 g,研末与蜂蜜 20 g 混匀,一次内服,每天 1 剂,连服 5 剂,可使耕牛肥壮。

（5）在仔猪基础饲粮中添加 2% 山楂－麦芽合剂(山楂、麦芽各等份),日喂 4 次,自由饮水,饲养至 90 日龄,添加组比对照组平均日增重提高 10.28%,饲料效率提高 7.26%。

桃仁

桃仁为蔷薇科植物桃〔*Prunus persica*（L.）Batsch.〕的种仁。全国大部分地区均产,以四川、陕西、河北、山东、贵州等地为主。7～9 月摘下成熟果实,除去果肉,打碎果核,取出种子,晒干。除去种皮,生用或捣碎用。

◆ 性味、归经

苦、甘,平。入肝、肺、大肠经。

◆ 功效

活血化瘀,润燥滑肠。

图 2-36　桃树与桃仁

◆ 成分

含苦杏仁苷、24-亚甲基环木菠萝烷醇、柠檬甾二烯醇、野樱、菜油甾醇、甲基-α-D-呋喃果糖苷、绿原酸、3-咖啡酰奎宁酸、3-对香豆酰奎宁酸、甘油三油酸酯。桃仁油中富含不饱和脂肪酸,主要为油酸和亚油酸等。

◆ 药理

具有抗炎、抗过敏、镇咳、镇痛、润肠缓下作用;还有增加血管流量、抗凝、促进子宫收缩及子宫止血作用。苦杏仁苷对肿瘤细胞有一定的选择性。

◆ 用量

马、牛:25～30 g;猪、羊:6～10 g;犬:3～5 g。

◆ 应用研究

桃仁、枣仁、当归、川芎、红花、茜草、益母草、党参、黄芪、熟地、白芍、甘草,加珍珠菜250 g,水煎,黄酒为引喂服,防治母猪不孕。

苦杏仁

中药苦杏仁为蔷薇科植物杏(*Prunus armeniaca* L.)及其变种山杏(*P. armeniaca* L. var. ansu Maxim.)的成熟干燥种子的核仁。全国各地多有栽培,主要产于东北、华北、西北及长江流域各省区。夏季果实成熟时,除去果肉,打碎果核,取出核仁晒干,去皮尖或不去,捣碎生用或炒用。

◆ 性味、归经

苦,温。有小毒。入肺、大肠经。

◆ 功效

止咳平喘,润肠通便。

◆ 成分

杏种仁含苦杏仁苷约4%、脂肪油约50%,脂肪油主要为亚油酸、油酸、棕榈酸等8种脂肪酸;还含绿原酸、肌醇、胆甾醇、雌酮、游离氨基酸、蛋白 KR-A 和 KR-B 及挥发油。山杏种仁含苦杏仁苷约 4.84%和挥发油,挥发油主要为正己醛、反式-2-己烯醛、正己醇、反式-2-己烯-1-醇、芳樟醇、顺式-3-己烯-1-醇和十四烷酸等。

图 2-37 杏树与苦杏仁

◆ 药理

具有镇咳平喘、抗菌、抗肿瘤作用;苦杏仁油有杀虫、抗凝血、镇痛、增强机体免疫力作用;苦杏仁苷能明显提高脑缺血状态下细胞色素氧化酶的活性。

◆ 用量

马、牛:25~45 g;猪、羊:5~15 g;犬:3~8 g。

◆ 应用研究

（1）杏仁 20 g、金银花 20 g、菊花 20 g、蜂蜜 50 g,共为细末,体重为 50 kg 的猪每次 1 剂混饲,用于治疗目赤喘咳、大便秘结。

（2）石膏 120 g、麻黄 5 g、桂枝 5 g、百部 10 g、杏仁 5 g、甘草 10 g、川贝 20 g,水煎取汁,加蜂蜜调,混饮或灌服,用于外感初起,身热、咳嗽。

（3）板蓝根 100 g、大青叶 100 g、蒲公英 60 g、荆芥 100 g、防风 100 g、桔梗 60 g、杏仁 60 g、远志 60 g、麻黄 60 g、山豆根 60 g、白芷 60 g、甘草 40 g,为末水煎,药汁饮水,药渣拌料,每天 1 剂,连用 5 剂,治疗鸡的传染性喉气管炎。

（4）麻黄、杏仁、半夏、冬花、桑白皮、苏子、黄芩、百部、葶苈子、银花、甘草,共研细末,每头猪每天按 50 g 拌料饲喂,治疗猪气喘病。

18. 豆科 Leguminosae

合欢花和合欢皮

植物合欢（*Albizia julibrissin* Durazz.）的羽状复叶具 4~20 对羽片,小叶长为 1.5 cm 以下,中脉紧贴内侧边缘;花冠呈淡红色;小枝无毛。安徽颍上、阜南、临泉、阜阳、利辛、太和、界首、亳州、涡阳、蒙城、萧县、灵璧、泗县、五河,栽培或野生,见于荒山坡、溪沟边及林缘、疏林中,也栽培于庭园。分布于黄河流域及其以南地区。树皮入药,中药名为合欢皮,全国大部分地区均产,当以华东、华南、西南、辽宁、河北、河南、陕西等地为多。定植 10 年左右,于夏、秋间锯细干,剥皮,切段,晒干或砍树剥取树皮。除去杂质,洗净,浸润,切丝,干燥后用。具强壮、利尿、驱虫之效。花入药,中药名为合欢花,具安神催眠作用;用于观赏及庭园绿化。

图 2-38　合欢花和合欢皮

◆ 形态特征

生活型:落叶乔木。

株:高达 16 m。

叶:托叶呈线状披针形,较小叶小,早落;二回羽状复叶,总叶柄近基部及最顶一对羽片着生处各有 1 腺体;羽片有 4～12 对(栽培的可达 20 对);小叶有 10～30 对,呈线形或长圆形,长为 0.6～1.2 cm,向上偏斜,先端有小尖头,具缘毛,有时下面沿中脉被短柔毛;中脉紧靠上缘。

花:头状花序于枝顶排成圆锥花序;花序轴呈蜿蜒状;花呈粉红色;花萼呈管状,长为 3 mm;花冠长为 8 mm,裂片三角形,长为 1.5 mm,花萼、花冠外均被短柔毛;花丝长为 2.5 cm。

果:荚果带状,长为 9～15 cm,宽为 1.5～2.5 cm,嫩荚有柔毛,老时无毛。

◆ 生态习性

物候期:花期为 6～7 月,果期为 8～10 月。

◆ 性味、归经

甘,平。归心、肝、肺经。

◆ 功效

安神解郁,活血消肿。

◆ 成分

含 21-(4-亚乙基-2-四氢呋喃丁烯酰)剑叶莎酸[21-(4-ethylidene-2-tetra-hydrofuranmethacryloyl)machaerinicacid]、金合欢酸内酯(acacicacidlactone)、剑叶莎酸甲酯、α-菠菜甾醇葡萄糖苷(a-spinasterylglucoside)、剑叶莎酸内酯(machaerinicacidlac-ton)、金合欢皂苷元 B(acacigenin B)等,还含秃毛冬青甲素-4-O-β-D-吡喃葡萄糖苷、右旋-5,5-二甲氧基-7-氧基落叶松脂醇-4-O-β-D-呋喃芹菜糖基(1→2)-β-D-吡喃葡萄糖苷、多种木脂体糖等。

◆ 药理

具有抗生育、抗过敏、抗肿瘤等作用。

◆ 用量

马、牛:25～60 g;猪、羊:10～15 g。

◆ 应用研究

由酸枣仁、刺五加、远志和合欢皮等提取物和活性因子按一定比例配伍制成植物源抗应激添加剂,在猪饲料中添加,能明显改善生长肥育猪的生长性能。在35～60 kg 阶段,每周添加 1 次和连续添加的试验猪,平均日增重比对照组分别提高5.8%和4.7%;在 35～90 kg 阶段,2 种添加方式试验猪平均日增重比对照组分别提高 4.8% 和 4.2%。饲喂阶段平均日采食量试验组与对照组相比呈增加趋势,平均料重比呈下降趋势。

决明子

中药决明子为豆科植物决明(*Cassia obtusifolia* L.)或小决明(*C. tora* L.)的成熟干燥种子。主要产于安徽、广西、四川、浙江、广东等地。秋季采收,晒干,打下种子,除去杂质。生用或炒用。

决明子的小叶有 4～8 枚,叶片先端圆钝;荚果近四棱,长为 15～24 cm。我国黄河以南各省均有栽培,原产美洲热带。颍上、阜南、临泉、阜阳、太和、界首、萧县、五河等地区有栽培或逸生。种子可入药,中药名为决明子,具清肝明目、祛风通便功效。

图 2-39　决明和决明子

◆ 形态特征

生活型:一年生亚灌木状草本。

株:高达 2 m。

叶:羽状复叶长为 4～8 cm,叶柄上无腺体,叶轴上每对小叶间有 1 棒状腺体;小叶 3 对,呈倒卵形或倒卵状长椭圆形,长为 2～6 cm,先端圆钝而有小尖头,基部渐窄,偏斜,上面被稀疏柔毛,下面被柔毛;小叶柄长为 1.5～2 mm;托叶呈线状,被柔毛,早落。

花:花腋生,通常 2 朵聚生;花序梗长为 0.6～1 cm;花梗长为 1～1.5 cm;萼片稍不等大,呈卵形或卵状长圆形,外面被柔毛,长约为 8 mm;花瓣呈黄色,下面 2 片稍长,长为 1.2～1.5 cm;能育雄蕊 7,花药四方形,顶孔开裂,长约为 4 mm,花丝短于花药;子房无柄,被白色柔毛。

果:荚果纤细,近四棱形,两端渐尖,长达 15 cm,宽为 3～4 mm,膜质。

种子:种子约有 25 粒,菱形,光亮。

◆ 生态习性

国内产地:我国长江以南各省区普遍分布。

国外分布：原产美洲热带地区，现全球热带、亚热带地区广泛分布。

生境：山坡、旷野及河滩沙地上。

物候期：花果期为8～11月。

◆ 性味、归经

甘、苦，微寒。入肝、肾经。

◆ 功效

减肥，清肝明目，润肠通便。

◆ 成分

含棕榈酸、硬脂酸、亚油酸、大黄酚、大黄素、芦荟大黄素、大黄酸、大黄素葡萄糖苷、大黄素蒽酮、大黄素甲醚、决明素、橙决明素、决明柯酮、红夫刹林、去甲红镰霉素、决明内酯和丰富的微量元素、铁、锌、锰、铜、钴、硒等。

◆ 药理

具有促进脂肪分解代谢、降低血清胆固醇、增强心血管功能、降血压、抑制迟发型超敏反应、抗菌等作用。

◆ 用量

马、牛：60～120 g；猪、羊：15～30 g；犬、猫：5～10 g。

◆ 应用研究

治家畜大便干燥。炒决明子100 g，粉为细末，开水冲调，候温内服。

落花生

落花生为豆科植物落花生（*Arachis hypogaea* L.）的种子，原产于巴西，我国南北各省区均有栽培。落花生是重要油料作物，种子可食用和药用，干燥种皮为花生衣，亦可药用；油粕为饲料、肥料；茎、叶为绿肥。秋季采挖果实，剥去果壳，晒干。

图 2-40　落花生

◆ 形态特征

生活型：一年生草本。

根:根部具根瘤。

茎:茎直立或匍匐,有棱。

叶:羽状复叶有小叶 2 对;托叶长为 2～4 cm,被毛;叶柄长为 5～10 cm,被毛,基部抱茎;小叶呈卵状长圆形或倒卵形,长为 2～4 cm,先端钝,基部近圆,全缘,两面被,侧脉约有 10 对。

花:花冠呈黄或金黄色,旗瓣呈近圆形,开展,先端凹,翼瓣呈长圆形或斜卵形,龙骨瓣呈长卵圆形,短于翼瓣,内弯,先端渐窄成喙状;花柱伸出萼管外。

果:荚果长,膨胀,果皮厚。

◆ 性味、归经

甘,平。入脾、胃、肺经。

◆ 功效

健脾益胃,养血通乳,润肺化痰。

◆ 成分

含有丰富的营养和生物活性物质,其中脂肪油 40%～50%、蛋白质 20%～30%、淀粉 8%～21%、纤维素 2%～5%、灰分 2%～4%;含 γ-亚甲基谷氨酸、γ-氨基-α-亚甲丁酸、谷甾醇(sitosterol)、胆甾醇(cholesterol)、24-亚甲基胆甾醇、卵磷脂(lecithine)、嘌呤、花生球蛋白(arachine)、甜菜碱(betaine)、胆碱(choline)、维生素 B_1、泛酸、生物素、生育酚(tocopherol)、木聚糖、葡甘露聚糖及铁、锌、钴、铜、碘、硒等微量元素。

◆ 药理

具有补充营养、促进泌乳、改善代谢、提高免疫功能与增进皮肤和毛发健康等作用。

◆ 用量

马、牛:150～200 g;猪、羊:60～100 g;犬、猫:20～30 g。

◆ 应用研究

(1) 催乳、预防乳腺炎。本品炒香,研为细粉,以 2%～4%添加到奶牛精饲料中投喂,可显著提高牛奶乳脂率,增加奶产量,预防乳腺炎。

(2) 改善乳品质量。本品或其饼粕炒香,研为细粉,以 2%～4%添加到奶牛精饲料中投喂,可显著提高牛奶乳脂率,增加奶产量。

(3) 治母畜产后缺乳。落花生 250 g、生黄芪 100 g、王不留行 50 g,共为细末,掺入饲料中喂服,连服 2 次。

(4) 治母猪缺乳。落花生(炒香)100 g、鸡蛋 2 枚,捣烂绞成糊状,掺入饲料中喂服,连服 2～3 剂。

补骨脂

补骨脂为豆科植物补骨脂（*Psoralea corylifolia* L.）的成熟干燥种子，习称为破故纸。主要产于河南、四川、陕西、山西、江西等地，东北也有栽培。秋季种子成熟时采收，晒干，打下种子，种子可入药，具有治肾虚、尿频、腰膝冷痛等功效。

◆ 形态特征

生活型：1 年生草本。

株：全株被白色柔毛和黑褐色腺点。

茎：茎直立，高达 1.5 m。

叶：叶为单叶，有时具 1 枚细小的侧生小叶；托叶呈线形，长为 7～8 mm；叶柄长为 2～4.5 cm；小叶柄短，长仅为 2～3 mm；叶片近革质，呈宽卵形，长为 4.5～9 cm，先端钝或圆，基部呈圆或微心形，边缘有不规则的疏齿，疏被毛或几无毛。

图 2-41　补骨脂

花：花萼呈钟状，长为 4～5 mm，萼齿呈披针形，上方的 2 齿中部以下合生，最下方的 1 齿较其余的长而宽；花冠呈淡紫或白色，旗瓣呈倒卵形，长约为 6 mm，翼瓣和龙骨瓣近等长，均短于旗瓣；雄蕊有 10 个，花丝下部连合；子房被毛，无柄。

果：荚果呈卵圆形，长约为 5 mm，不开裂，成熟时呈黑色，有不规则网纹，不开裂，有 1 粒种子。

◆ 生态习性

国内产地：河北、山西、甘肃、安徽、江西、河南、广东、广西、贵州等地。

国外分布：印度、缅甸、斯里兰卡。

生境：山坡、溪边、田边。

物候期：花密生，排成腋生的近头状总状花序，有 10 余朵花；花序梗长为 3～7 cm；苞片膜质，呈披针形，长约为 3 cm。

◆ 性味、归经

辛、苦，大温。入肾、脾经。

◆ 功效

补肾助阳，温脾止泻。

◆ 成分

含补骨脂素、异补骨脂素、补骨脂定、异补骨脂定、双氢异补骨脂定、补骨脂双氢黄酮、异补骨脂双氢黄酮、异补骨脂双氢查酮、补骨脂醛、花椒毒素、紫云苷等。又含豆甾醇、对羟基苯甲醛、单甘油酯、二甘油酯、三甘油酯等类脂化合物，还含脂肪酸，主要有棕榈酸、油酸、亚油酸、硬脂酸、亚麻酸和二十四酸。

◆ 药理

具有抗菌、增强免疫功能、致光敏、抗着床和雌激素样作用；另外，离体实验表明，异补骨脂双氢查酮能扩张豚鼠、兔、猫和大鼠的冠脉；补骨脂提取物能使离体和在体肠管兴奋，对豚鼠离体子宫有松弛作用。异补骨脂双氢查酮在体外有抑制Hela细胞和肉瘤180的作用。

◆ 用量

马、牛：15～45 g；猪、羊：3～10 g；犬：2～5 g；兔、禽：1～2 g。

◆ 应用研究

（1）紫菀、桑白皮、蛇床子、补骨脂等组方，羊每天添加5 g，连续饲喂30天，试验组较对照组每只羊平均多增重2.21 kg，每只羊平均剪毛量增加1.09 kg。

（2）补骨脂、益母草、罗勒中药组成"促蛋散"，每天每只按1.0 g拌料饲喂京白Ⅱ系及海赛克斯等蛋鸡，平均产蛋率可提高15.2%，效果显著。

（3）益母草、补骨脂、陈皮、神曲等组成"增蛋散"，按蛋鸡饲料量的1%添加，可使饲料报酬提高12.97%，产蛋率提高9.31%，鸡蛋破损率降低10.23%，鸡成活率提高6.26%，对蛋品质无不良影响。

（4）肉蓉80 g、杜仲80 g、续断75 g、骨碎补90 g、补骨脂100 g、菟丝子100 g、巴戟天80 g、益智仁80 g，用于种公畜启动性机能。

胡芦巴

胡芦巴为豆科植物胡芦巴（*Trigonella foenum-graecum* L.）的成熟干燥种子。主要由人工栽培。主要产于安徽、四川、河南等地。安徽阜阳、太和、泗县、固镇等地有栽培。夏秋种子成熟时采收，晒干，搓下或打下种子，除去杂质。种子可入药，具有补肾壮阳、祛痰散湿的功效；还可作为调香剂。生用、炒用或盐水炒用。

◆ 形态特征

生活型：1年生草本。

株：高达30～80 cm。

根：主根深达土中80 cm，根系发达。

茎：茎直立，呈圆柱形，多分枝，微被柔毛。

图 2-42　胡芦巴

叶：羽状三出复叶；托叶全缘，膜质，基部与叶柄相连，先端渐尖，被毛；叶柄平展，长为 6～12 mm；小叶呈长倒卵形、卵形至长圆状披针形，近等大，长为 15～40 mm，宽为 4～15 mm，先端钝，基部呈楔形，边缘上半部具三角形尖齿，上面无毛，下面疏被柔毛或秃净，有侧脉 5～6 对，不明显；顶生小叶具较长的小叶柄。

花：花无梗，1～2 朵着生叶腋，长为 13～18 mm；萼筒状，长为 7～8 mm，被长柔毛，萼齿呈披针形，锥尖，与萼等长；花冠呈黄白色或淡黄色，基部稍呈堇青色，旗瓣呈长倒卵形，先端深凹，明显比冀瓣和龙骨瓣长；子房呈线形，微被柔毛，花柱短，柱头呈头状，胚珠多数。

果：荚果呈圆筒状，长为 7～12 cm，径为 4～5 mm，直或稍弯曲，无毛或微被柔毛，先端具细长喙，喙长约为 2 cm（包括子房上部不育部分），背缝增厚，表面有明显的纵长网纹，有种子 10～20 粒。

种子：种子呈长圆状卵形，长为 3～5 mm，宽为 2～3 mm，呈棕褐色，表面凹凸不平。

◆ 生态习性

物候期：花期为 4～7 月，果期为 7～9 月。

◆ 性味、归经

苦，温。入肾经。

◆ 功效

温肾，散寒，止痛。

◆ 成分

含蛋白质 27%、脂类 7%，脂肪酸主要为豆油酸、油酸、棕榈酸、月桂酸（laueicacid）等，还含胡芦巴碱（teigonelline）0.13%、胆碱 0.05%、薯蓣皂苷元葡萄糖苷、薯蓣皂苷元-葡萄糖-鼠李糖苷、薯蓣皂苷元-葡萄糖-二鼠李糖苷、牡荆素（vitexin）、异牡荆素（saponaretin）、牡荆素-7-葡萄糖苷、红草素（orientin）、胡芦巴苷Ⅰ（isoorientin）、胡芦巴苷Ⅱ、黄酮苷、槲皮素、β-谷甾醇、胆醇、4-羟基异亮氨酸、半乳甘露聚糖等。

◆ 药理

葫芦巴油具有催乳作用,但没有性激素样作用;对雄性动物有抗生育和抗雄性激素作用;葫芦巴肽酯可强心、利尿、降血压与降血糖。

◆ 用量

马、牛:30～50 g;猪、羊:10～15 g;犬、猫:5～8 g。

◆ 应用研究

(1)胡芦巴细粉以 0.5%～1.0% 添加到奶牛精饲料中投喂,可大幅度增加牛奶产量。

(2)葫芦巴 50 g、当归 40 g、羊乳参 40 g、王不留行 30 g、漏芦 20 g,共为细末,开水冲调,拌料或内服,对各种母畜产后缺乳均有良好效果。

(3)葫芦巴 50 g、牛膝 50 g、当归 40 g、骨碎补 40 g、巴戟天 30 g、益智仁 30 g、乳香 20 g、没药 20 g,共为细末,开水冲调,拌料或内服,防治动物背腰损伤疼痛。

白扁豆

白扁豆为豆科植物扁豆(*Dolichos lablab* L.)的干燥成熟种子。原产于非洲埃及。我国各地均有栽培。嫩荚食用;白色种子入药,中药名为白扁豆,具有消暑解毒、健脾开胃的功效;花入药,可治泄泻、截痢;白色种皮入药,中药名白扁豆衣,具健脾利水之功效。秋、冬采收成熟果实,晒干,取出种子,再晒干。除去杂质,生用或炒制,用时捣碎。

图 2-43　扁豆与白扁豆

◆ 形态特征

豆科扁豆属多年生缠绕藤本植物,缠绕藤本。全株几乎无毛,茎长可达 6 m,

常呈淡紫色。羽状复叶具 3 小叶；托叶基着，呈披针形；小托叶呈线形，长为 3～4 mm；小叶呈宽三角状卵形，长为 6～10 cm，宽约与长相等，侧生小叶两边不等大，偏斜，先端急尖或渐尖，基部近截平。

总状花序直立，长为 15～25 cm，花序轴粗壮，总花梗长为 8～14 cm；小苞片有 2 个，近圆形，长为 3 mm，脱落；每一节上至少有 2 朵花簇生；花萼呈钟状，长约为 6 mm，上方 2 裂齿几完全合生，下方的 3 枚近相等；花冠呈白色或紫色，花有红白两种，旗瓣呈圆形，基部两侧具 2 枚长而直立的小附属体，附属体下有 2 耳，翼瓣呈宽倒卵形，具截平的耳，龙骨瓣呈直角弯曲，基部渐狭成瓣柄；子房呈线形，无毛，花柱比子房长，弯曲不逾 90°，一侧扁平，近顶部内缘被毛。荚果呈长圆状镰形，长为 5～7 cm，近顶端最阔，宽为 1.4～1.8 cm，扁平，直或稍向背弯曲，顶端有弯曲的尖喙，基部渐狭；种子为 3～5 颗，扁平，呈长椭圆形，在白花品种中为白色，在紫花品种中为紫黑色，种脐线形，长约占种子周围的 2/5。花期为 4～12 月。

◆ 性味、归经

甘，微温。归脾、胃经。

◆ 功效

健脾和中，消暑化湿。

◆ 成分

含蛋白质 23%、脂肪 1.8%、糖 56.5%、水分 9.9%、灰分 3.2%、粗纤维 5.9%。含有水苏糖，棉籽糖，麦芽糖，葡萄糖，半乳糖，果糖，蔗糖，淀粉，植酸钙镁，哌啶酸，血球凝集素 A、B，泛酸，磷脂酰乙醇胺，胰蛋白酶抑制物，淀粉酶抑制物，胡萝卜素，维生素 B、C，氰苷，酪氨酸酶等。种子脂肪油中含棕榈酸、油酸、亚油酸、硬脂酸、反油酸、花生酸、山萮酸。

◆ 药理

具有抗肿瘤、抗病毒作用，对机体免疫功能有影响。

◆ 用量

马、牛：15～45 g；羊、猪：5～15 g；兔、禽：1.5～3 g。

◆ 应用研究

（1）白扁豆与白术、山药、茯苓等同用，和中健脾，治疗脾虚泄泻。

（2）香薷 30 g、白扁豆 30 g、麦冬 25 g、薄荷 30 g、木通 25 g、猪牙皂 20 g、香 30 g、茵陈 25 g、菊花 30 g、石蒲 25 g、金银花 60 g、茯苓 25 g、甘草 15 g，主治牛中暑。

（3）香薷、白扁豆各 30 g，姜制厚朴 18 g，茯苓 24 g，甘草 9 g，水煎服，主治风寒表证而挟湿。

（4）沙参、麦冬各 24 g，白扁豆、桑叶各 18 g，玉竹、天花粉各 15 g，甘草 9 g，水煎服，主治风寒表证，清肺润燥。

（5）党参45 g、白术45 g、茯苓45 g、炙甘草45 g、山药45 g、白扁豆60 g、莲子肉30 g、桔梗30 g、薏苡仁30 g、砂仁30 g，主治脾胃气虚而挟湿之证，证见精神倦怠、体瘦毛焦、四肢无力、泄泻、草谷不消、食欲缺乏。

苜蓿

苜蓿为豆科植物紫苜蓿（*Medicago sativa* L.）或南苜蓿（*Medicago hispida* Gaertn.）的全草。原产伊朗及欧洲。全国大部分地区有栽培，安徽阜阳、亳州、萧县、宿县有逸生。5～6月开花时采收，鲜用或晒干。紫苜蓿为优质饲草，绿肥，嫩苗可为野菜。

图2-44 苜蓿

◆ 形态特征

生活型：多年生草本。

株：高为0.3～1 m。

茎：茎直立、丛生以至平卧，呈四棱形，无毛或微被柔毛。

叶：羽状三出复叶；托叶大，呈卵状披针形；叶柄比小叶短；小叶呈长卵形、倒长卵形或线状卵形，等大，或顶生小叶稍大，长为1～4 cm，边缘1/3以上具锯齿，上面无毛，下面被贴伏柔毛，侧脉有8～10对；顶生小叶柄比侧生小叶柄稍长。

花：花序呈总状或头状，长为1～2.5 cm，具5～10花；花序梗比叶长；苞片呈线状锥形，比花梗长或等长；花长为0.6～1.2 cm；花梗长约为2 mm；花萼呈钟形，萼齿比萼筒长；花冠呈淡黄、深蓝或暗紫色，花瓣均具长瓣柄，旗瓣呈长圆形，明显长于翼瓣和龙骨瓣，龙骨瓣稍短于翼瓣；子房呈线形，具柔毛，花柱短宽，柱头呈点状，胚珠多数。

果：荚果呈螺旋状，紧卷为2～6圈，中央无孔或近无孔，径为5～9 mm，脉纹细，不清晰，有10～20粒种子。

种子：种子呈卵圆形，平滑。

◆ 生态习性

产地：全国各地都有栽培或呈半野生状态；欧亚大陆和世界各国广泛种植（主要用途是作为饲料和牧草）。

生境：田边、路旁、旷野、草原、河岸及沟谷等地。

物候期：花期为5～7月，果期为6～8月。

◆ 性味、归经

甘、苦，凉。入脾、胃、大肠、小肠经。

◆ 功效

清湿热，利尿排石。

◆ 成分

紫苜蓿含大豆皂苷、南苜蓿三萜皂苷、植物甾醇、植物甾醇酯、卢瑟醇、苜蓿二酚、香豆雌酚、刺芒柄花素、大豆黄素、小麦黄素、瓜氨酸、刀豆酸；叶含 β-甲基-D-葡萄糖苷、4-O-甲基内消旋肌醇、1-半乳庚酮糖、果胶酸。花含飞燕草素-3,5-二葡萄糖苷、矮牵牛素、锦葵花素；含挥发性成分，主要有芳樟醇、月桂烯、柠檬烯；种子含高水苏碱、水苏碱、唾液酸。南苜蓿含胡萝卜素。

◆ 药理

具有雌激素样、抗血凝及止血、祛痰、镇咳及松弛支气管平滑肌作用，但对子宫平滑肌有兴奋作用；另外，还有抗癌、抗真菌作用。

◆ 用量

马、牛：60～120 g；猪、羊：30～60 g；犬、猫：15～30 g。

◆ 应用研究

（1）以紫花苜蓿代替奶牛日粮中的玉米秸，牛奶产量增加3.2 kg，奶质改善，乳脂率提高9.7%，乳蛋白率提高3.8%。

（2）以苜蓿草粉代替生长期肉兔日粮中的普通草粉，具有良好的增重效果，以盛花期、开花期收集的紫花苜蓿干草粉的饲喂效果最好。60日龄法国伊普吕兔每天每只加喂紫花苜蓿鲜草550 g，兔的精神、粪便、被毛均表现正常与优良，日增重可提高17.4%，饲料转化率提高26.32%。

（3）在湖羊日粮配方中添加20%的紫花苜蓿干草粉替代20%的青干草粉，按配方比例制成颗粒料饲喂，育成羊的日增重、料肉比和经济效益显著。

（4）在长白山当地杂交猪的饲粮中添加10%、20%、30%的苜蓿草粉，可以降低精料消耗和饲养成本。研究发现，添加比例以10%为最佳，不能超过20%。

（5）在蛋鸡日粮中加入6%～8%的苜蓿粉，蛋黄颜色可以变深。用苜蓿草饲喂豁鹅可显著提高产蛋数和蛋重，平均个体产蛋量提高19%，种蛋受精率、孵化率各提高3%。

绿豆

中药绿豆为豆科植物绿豆 *Vignaradiata*（Linn.）Wilczek 的干燥成熟种子。全国大部分地区均有栽培，主要产于河北、山东、安徽、江苏、江西等地。每年 10 月待有 2/3 以上的荚果变褐或黑色时采收，脱粒，晒干。

图 2-45　绿豆

◆ 形态特征

生活型:1 年生直立草本。

株:高达 60 cm。

茎:茎被褐色长硬毛。

叶:羽状复叶具 3 小叶;托叶呈盾状着生,卵形,长为 0.8～1.2 cm,具缘毛;小托叶显著,呈披针形;小叶呈卵形,长为 5～16 cm,侧生的多少偏斜,全缘,先端渐尖,基部呈宽楔形或圆,两面被疏长毛,基部 3 脉明显;叶柄长为 5～21 cm;叶轴长为 1.5～4 cm。

花:总状花序腋生,至少有 4 朵花,最多可达 25 朵;花序梗长为 2.5～9.5 cm;小苞片近宿存;花萼管无毛,长为 3～4 mm,裂片呈窄三角形,长为 1.5～4 mm,上方的一对合生;旗瓣近方形,长为 1.2 cm,外面呈黄绿色,里面带粉红,先端微凹,内弯,无毛,翼瓣呈卵形,黄色,龙骨瓣呈镰刀状,绿色而染粉红,右侧有显著的囊。

果:荚果呈线状圆柱形,平展,长为 4～9 cm,宽为 5～6 mm,被淡褐色散生长硬毛,种子间多少收缩。

种子:种子有 8～14 粒,呈短圆柱形,直径大小为 2.5～4 mm,呈淡绿色或黄褐色,种脐白色而不凹陷。

◆ 生态习性

产地:我国南北各地均有栽培;世界各热带、亚热带地区广泛栽培。

物候期:花期初夏,果期为 6～8 月。

◆ 性味、归经

甘,凉。入心、胃经。

◆ 功效

清热解毒,消暑,利水。

◆ 成分

含胡萝卜素、核黄素、蛋白质,蛋白质以球蛋白为主,其组成含蛋氨酸、色氨酸、褐酪氨酸;含糖类,主要有果糖、葡萄糖、麦芽糖;含磷脂,有磷脂酰胆碱、磷脂酰乙醇胺、磷脂酰肌醇、磷脂酰甘油、磷脂酰丝氨酸、磷脂酸。

◆ 药理

具有降脂及抗动脉粥样硬化、抗肿瘤作用;绿豆含丰富的胰蛋白酶抑制剂,可以保护肝脏、肾脏。

◆ 用量

马、牛:250～500 g;猪、羊:30～90 g;犬:15～45 g。

◆ 应用研究

(1) 用绿豆蛋白粉代替麻栗色蛋用型鹌鹑基础日粮中的进口鱼粉,鹌鹑的产蛋率、饲料转化率等饲养效果与进口鱼粉基本一致,而淘汰死亡率却比进口鱼粉组显著下降。

(2) 用绿豆蛋白粉代替伊莎蛋鸡基础日粮中的进口鱼粉,鸡的产蛋率、淘汰死亡率、饲料转化率等饲养效果与进口鱼粉基本一致,可提高经济效益。

(3) 绿豆 3 g,穿心莲、昆布各 2 g,苍术、麦芽、蒲公英各 1 g,黄柏 5 g,硫酸锰 12 g,硫酸锌 8.8 g,硫酸亚铁 13.5 g,硫酸铜 1 g,碘化钾 0.09 g,氯化钴 0.05 g,亚硒酸钠 0.022 g,硫酸镁 0.25 g,硼酸 0.25 g,载体石粉 200 g,鱼粉 25 g,麦 25 g,共研细末,每天在每只蛋鸡的饲料中添加 0.5 g 饲喂,用于蛋鸡增蛋;1～4 周龄肉鸡每天每只饲喂 0.2 g,4 周龄后加至 0.5 g,用于增重。

甘草

甘草为豆科植物甘草(*Glycyrrhiza uralensis* Fisch.)的干燥根茎。主要产于安徽、内蒙古、甘肃、山西、陕西、新疆、东北等地。秋季采挖,除净须根,截成适当长短的段,晒至半干,打成小捆,再晒至全干。也有将外面栓皮削去者,称为"粉草"。切片生用或蜜炙用。

◆ 形态特征

生活型:多年生草本。

茎:根与根状茎粗壮,外皮呈褐色,里面呈淡黄色,含甘草甜素。

叶:羽状复叶长为 5～20 cm,叶柄密被褐色腺点和短柔毛;小叶为 5～17 片,呈卵形、长卵形或近圆形,长为 1.5～5 cm,两面均密被黄褐色腺点和短柔毛,基部圆,先端钝,全缘或微呈波状。

图 2-46　甘草

花:总状花序腋生;花序梗密被鳞片状腺点和短柔毛;花萼钟状,长为 0.7～1.4 cm,密被黄色腺点和短柔毛,基部一侧膨大,萼齿 5,上方 2 枚大部分连合;花冠呈紫、白或黄色,长为 1～2.4 cm;子房密被刺毛状腺体。

果:荚果呈线形,弯曲呈镰刀状或环状,外面有瘤状突起和刺毛状腺体,密集成球状。

种子:种子 3～11,呈圆形或肾形。

◆ 生态习性

生境:干旱沙地、河岸砂质地、山坡草地及盐渍化土壤中。

物候期:花期为 6～8 月,果期为 7～10 月。

◆ 性味、归经

甘,平。入心、肺、脾、胃经。

◆ 功效

补脾益气,润肺止咳,清热解毒,调和药性。

◆ 成分

主要含三萜类皂,甜味成分甘草甜素(glycyrrhizin)主要系甘草酸(glycyrrhizicacid)的钾盐、钠盐,其中甘草次酸(glycyrrheticacid)是甘草甜素结构中的活性部分;还含有多种黄酮,如甘草黄苷、异甘草黄苷等,以及香豆精类和桂皮酸衍生物、多种氨基酸。

◆ 药理

具有促皮质激素样、抗溃疡作用,甘草次酸能抑制胃酸分泌,甘草甜素、甘草次酸有抗炎、抗变态反应、降血脂、抗动脉粥样硬化、镇咳、祛痰作用,对药物中毒、食物中毒、体内代谢产物中毒及细菌毒素所致的中毒均有一定解毒作用,还具有广泛的抗微生物、抗肿瘤等作用。

◆ 用量

马、牛:30～60 g;驼:45～100 g;猪、羊:10～15 g;犬、猫:5～8 g;兔、禽:0.6～3 g。

◆ 应用研究

(1) 甘草、白头翁、远志、陈皮等提取的有效成分按 1.25%(占原鱼饲料重)添加于草鱼幼鱼的饵料中,连喂 27 天鱼类抗病性提高。

(2) 黄芩、金钱草、鱼腥草、大青叶、桔梗、车前草、瞿麦、甘草各等份,共研细末,按日粮的 1.5%混饲,从 8 日龄始,连用 2 周,鸡肾型传支的发病率及死亡率均下降 10%以上。

(3) 绿豆 500 g、甘草 50 g、茜草 30 g、板蓝根 50 g、紫草 50 g,水煎,配成 50 kg,鸡一次混饲,连用 3 天,可治疗鸡的传染性法氏囊病,且有效率达 97.3%。

苦参

苦参为豆科植物苦参(*Sophora flavescens* Ait.)的干燥根。分布于南北各省区,皖北见于颍上、萧县。主要产于山西、河南、河北等地。春秋采挖,除去芦头、须根,洗净,晒干。切片生用。

图 2-47　苦参

◆ 形态特征

生活型:草本或亚灌木。

株:高达 1～2 m。

茎:茎皮呈黄色,具纵纹和易剥落的栓小叶,有 13～29 片;呈椭圆形、卵形或线状披针形,长为 3～6 cm,先端钝或急尖,基部呈宽楔形,上面近无毛,下面被白色平伏柔毛或近无毛;托叶呈披针状线形,长为 5～8 mm,无小托叶。

枝:芽外露。

花:总状花序顶生,长为 15～25 cm,疏生多花;花萼呈斜钟形,长约为 7 mm,

疏被短柔毛;萼齿不明显或呈波状;花冠呈白或淡黄色,旗瓣呈倒卵状匙形,长为1.4～1.5 cm,翼瓣单侧生,皱折几达顶部,长约为 1.3 cm,龙骨瓣与翼瓣近等长;雄蕊 10 个,花丝分离或基部稍连合;子房呈线形,密被淡黄白色柔毛。

果:荚果呈线形或钝四棱形,革质,长为 5～10 cm,种子间稍缢缩,呈不明显串珠状,疏被柔毛或近无毛,成熟后裂成 4 瓣,具 1～5 粒种子;种子呈长卵圆形,稍扁,长约为 6 mm,深红褐色或紫褐色。

◆ 生态习性

物候期:花期为 6～8 月,果期为 7～10 月。

◆ 性味、归经

苦,寒。入心、肝、小肠、大肠、胃经。

◆ 功效

清热燥湿,祛风杀虫,清热利尿。

◆ 成分

含苦参皂 I-I、大豆皂工、苦参醇、苦参素等黄醇类化合物,还含有苦参碱、氧化苦参碱、苦参醇碱、金雀花碱等生物碱,以及苦参醌 A、砂生槐黄烷酮 G。

◆ 药理

具有抗炎、抗过敏、平喘、祛痰、利尿、抗肿瘤、免疫抑制的作用;还有减慢心率、抗实验性心率失常的作用;防治白细胞降低;对葡萄球菌、铜绿假单胞杆菌及多种皮肤真菌有抑制作用。

◆ 用量

马、牛:15～45 g;猪、羊:6～15 g;犬:3～8 g;兔、禽:0.3～1.5 g;鱼每千克体重按 1～2 g 拌饵投喂或每平方米水体按 1～1.5 g 拌饵泼洒鱼池。

◆ 应用研究

(1) 苦参 50 g、贯众 50 g、黄柏 50 g、苍术 50 g、木香 20 g、赤芍 20 g、白芍 20 g、当归 20 g、香附子 20 g、桔梗 20 g、莱菔子 50 g、藿香 20 g、五味子 20 g、黄芪 50 g、茯苓 20 g,共为细末,每千克体重按 0.2～0.5 g 在饲料中添加,可对呼吸系统、消化系统、泌尿生殖系统疾病和球虫病等有一定的防治效果。

(2) 穿心莲、板蓝根、甘草、吴茱萸、苦参、白芷、大黄各等份,共研细末,每千克体重按 0.6 g 混饲,连用 3～5 天,可治疗鸡传染性法氏囊病。

葛根

葛根为豆科植物野葛[*Pueraria lobata*(Willd.)Ohwi.]的干燥根。主要分布于我国南北各地,以浙江、广东、江苏等地产量较多。春秋采挖,切片,晒干。生用、煨用或磨粉用。

图 2-48　葛根

◆ 性味、归经

甘、辛,凉。入脾、胃经。

◆ 功效

发表解肌,生津解渴,止泻治痢。

◆ 成分

含大豆元,大豆,大豆元-7,4-二葡萄糖苷,刺芒柄花素-7-葡萄糖苷,葛根素,染料木素,刺芒柄花素,葛根 A、B,尿囊素,大豆皂醇 A、B,葛根皂醇 A、C,5-甲基海因、胡萝卜苷等。

◆ 药理

具有抗血小板聚集和抗凝血、降血脂、降血糖、抗肿瘤、抗氧化作用;还有抗心肌缺血、抗心律失常、抗高血压等作用;能提高动物记忆功能;异黄酮对小鼠四氯化碳性肝损害和高脂性肝病有一定保护作用;葛根提取物在体外对 LPS 刺激小鼠腹腔巨噬细胞分泌 IL-1 和 PHA 刺激脾细胞分泌 IL-2 均有抑制作用。给每千克小鼠按 1.5 g 灌胃葛根黄豆原固体分散物,发现有明显抗常压耐缺氧作用。黄豆原 4 位的羟基被甲氧基、乙氧基次甲氧基取代后,抗缺氧作用增强。

◆ 用量

马、牛:20～60 g;猪、羊:5～15 g;犬:3～8 g;兔、禽:1.5～3 g。

◆ 应用研究

葛根 80 g、甘草 80 g、菊花 35 g、栀子 20 g、紫草 25 g、白芍 7 g，三煎取汁，混合，分 3 次拌料给 1 头架子猪喂服；外用千里光 130 g、一点红 70 g、飞扬草 40 g，水煎取汁，喷洒猪体，可治疗猪湿疹。

赤小豆

赤小豆为豆科植物赤小豆［*Vigna umbellata*（Thumb.）Ohwi et Ohashi］或赤豆［*Vigna angularis*（Willed.）Ohwi et H. Ohashi］的种子。主要产于浙江、江西、吉林、北京、山东、安徽等地。每年 8～9 月荚果由黄变褐色时，可割取地上部分，晒干，脱粒，扬净。

◆ 形态特征

生活型：1 年生草本。

茎：茎纤细，长达 1 m 或过之，幼时被黄色长柔毛，老时无毛。

叶：羽状复叶具 3 小叶；托叶盾状着生，呈披针形或卵状披针形，长为 1～1.5 cm，两端渐尖；小托叶呈钻形；小叶纸质，呈卵形或披针形，长为 10～13 cm，先端急尖，基部呈宽楔形或钝，全缘或微 3 裂，沿两面脉上薄被疏毛，基出脉 3。

花：总状花序腋生，短，有 2～3 朵花；苞片呈披针形；花梗短，着生处有腺体；花呈黄色，长约为 1.8 cm，宽约为 1.2 cm，龙骨瓣右侧具长角状附属体。

图 2-49 赤小豆

果：荚果线状圆柱形，下垂，长为 6～10 cm，宽约为 5～6 mm，无毛。

种子：种子有 6～10 粒，呈长椭圆形，通常为暗红色，有时为褐、黑或草黄色，径为 3～3.5 mm，种脐凹陷。

◆ 生态习性

国内产地：我国南北方均有野生或栽培。

国外分布：原产亚洲热带地区，如朝鲜、日本；菲律宾等其他东南亚国家亦有栽培。

物候期:花期为5～8月。

◆ 性味、归经

甘,性凉。归心、脾、小肠经。

◆ 功效

利水消肿,健脾益胃,解毒排脓。

◆ 成分

含蛋白质、脂肪、碳水化合物、钙、磷、铁、硫胺酸、核黄素、烟酸等,并含多种微量元素和维生素。

◆ 药理

20%赤豆煎剂对金黄色葡萄球菌、福氏痢疾杆菌、伤寒杆菌等有抑制作用。

◆ 用量

马、牛:30～60 g;猪、羊:8～15 g;犬:3～5 g。

◆ 应用研究

赤小豆营养丰富,对畜禽有良好的催肥作用。

黄芪

黄芪为豆科植物膜荚黄芪[*Astragalus membranaceus*（Fisch.）Bge.]和蒙古黄芪[*A. mongholicus* Bge. var. mongholicus（Bge.）Hsiao.]的根。膜荚黄芪主产于黑龙江、吉林、辽宁、河北、山西、内蒙古、陕西、甘肃、宁夏、青海、山东、四川、西藏等地,皖北亳州有栽培;蒙古黄芪主要产于内蒙古、黑龙江、吉林、河北、山西、西藏等地。春秋可采,以秋采质量较好。除去地上部分及须根,晒干。润透切片。生用或蜜炙用。

图 2-50　黄芪

◆ 性味、归经

甘,微温。入脾、肺经。

◆ 功效

补中益气,固表止汗,利水消肿,托疮排脓。

◆ 成分

膜荚黄芪含 $2'$,4-二羟基-6,6-二甲氧基异黄酮、胆碱、甜菜碱、氨基酸、蔗糖、葡萄糖醛酸、微量叶酸、丰富的钙、磷及多种必需微量元素,其中铁等含量较高。蒙古黄芪含 β-谷固醇、亚油酸及亚麻酸,另有报道含有生物碱、烟酸、烟酰酸、淀粉酸等。大量报道表明,黄芪是鸡用、肉猪、繁殖哺乳母猪、兔用中草药饲料添加剂的基本组分,可见黄芪在中草药添加剂中的地位。

◆ 药理

具有增强机体免疫功能,抗病毒、抗肿瘤、延缓衰老和抗氧化的作用;能促进机体造血功能,对犬急性心肌梗死、急性柯萨奇病毒性小鼠心肌炎等有明显的改善作用;对平滑肌有兴奋作用;6% 和 10% 的黄芪煎液可使兔离体肠管紧张度增加,蠕动变慢,振幅增大,对兔离体肠管及子宫则有抑制作用。

◆ 用量

马、牛:20~60 g;猪、羊:10~20 g;犬、猫:5~10 g。

◆ 应用研究

(1) 在伊沙蛋鸡日粮中添加黄芪粉1%,产蛋率提高7.3%,料蛋比降低0.14,平均每羽鸡多获利2.3元。每天在小公鸡饲料中添加黄芪粉0.2 g,T淋巴细胞比值显著提高,脾脏、法氏囊重显著提高。

(2) 女贞子、黄芪、枸杞子等组方,按0.5%添加饲喂10日龄蛋鸡维,通过检测白细胞总数、鸡新城疫-HI抗体效价、ANAE＋淋巴细胞百分率,发现该方具有免疫增强作用。

(3) 人参、黄芪、党参等10余味中药配成免疫增强剂,对雏鸡增重及免疫器官发育具有显著的促进作用。

(4) 黄芪、白术、防风以3:2:1混于饲料或煎汤饮水,每只鸡每天按5 g添加于饲料中,可预防鸡法氏囊病。

(5) 黄芪300 g、黄连150 g、白术150 g、生地150 g、大青叶150 g、白头翁150 g、甘草80 g,煎水5000 mL做饮水,500只鸡每日1剂,一般3剂可治愈法氏囊炎。

(6) 黄芪1.5份,党参1.2份,白术、茯苓、双花、大青叶、板蓝根、紫花地丁、蒲公英、秦皮、车前子、五味子各1份,甘草0.6份,煎汤做饮水,一般2~3天可治愈法氏囊病。

蒺藜

蒺藜为蒺藜科植物蒺藜（*Tribulus terrestris* L.）的果实。主要产于河南、河北、山西、陕西、山东、安徽、江苏、四川、重庆等地。在安徽颍上、阜南、临泉、阜阳、利辛、太和、界首、亳州、涡阳、蒙城、泗县、宿县、固镇可见，是荒丘、田野、路旁、耕作区习见杂草之一。果入药，具散风、平肝、明目、催乳、通经之效；茎、叶可治疗皮肤瘙痒症。

图 2-51 蒺藜

◆ 形态特征

生活型：1 年生草本。

茎：茎平卧，偶数羽状复叶；小叶对生。

枝：枝长为 20～60 cm，偶数羽状复叶，长为 1.5～5 cm。

叶：小叶对生，有 3～8 对，呈矩圆形或斜短圆形，长为 5～10 mm，宽为 2～5 mm，先端锐尖或钝，基部稍偏科，被柔毛，全缘。

花：花腋生，花梗短于叶，花呈黄色；萼片 5，宿存；花瓣 5；雄蕊 10，生于花盘基部，基部有鳞片状腺体，子房 5 棱，柱头 5 裂，每室有 3～4 胚珠。

果：果有分果瓣 5 个，硬，长为 4～6 mm，无毛或被毛，中部边缘有锐刺 2 枚，下部常有小锐刺 2 枚，其余部位常有小瘤体。

◆ 生态习性

国内产地：全国各地均有。

国外分布：全球温带地区都有。

生境：沙地、荒地、山坡、居民点附近。

物候期：花期为 5～8 月，果期为 6～9 月。

◆ 性味、归经

苦、辛，性平。入肝经。

◆ 功效

行血解郁,柔肝催乳,散风明目。

◆ 成分

含蒺藜皂苷(terrestrosin)、蒺藜酰胺(terrestriamide)、7-甲基氢化-2,3 二氢-1-茚酮(7-methylhydroindanone-1)、刺蒺藜苷(tribuloside)、山柰酚(laempferol)、山柰酚-3-葡萄糖苷、山柰酚-3-芸香糖苷、槲皮素(quercetin)、薯蓣皂苷原(diosgenin)维生素 C、哈尔满(haman)、哈尔明碱(hamine)、棕榈酸、硬脂酸、油酸、亚油酸和亚麻酸等。

◆ 药理

具有促进乳汁分泌与排泄、增加心肌收缩力和心输出量、利尿、兴奋平滑肌和抑制真菌等作用。

◆ 用量

马、牛:30~50 g;猪、羊:10~15 g;犬、猫:5~8 g。

◆ 应用研究

(1) 提高产奶量。蒺藜研为细粉,以 0.3%~0.5%添加到奶牛精饲料中投喂,可大幅度增加牛奶产量。

(2) 治母畜产后缺乳。蒺藜 30 g、王不留行 25 g、路路通 25 g、炮甲珠 20 g,共为细末,添加到家畜饲料中投喂,对产后缺乳有确切疗效。

(3) 治动物小便不利。蒺藜 30 g、冬菜 80 g、河蟹 2 只,混合捣成糊状喂服。

(4) 治动物结膜炎、角膜炎。蒺藜 50 g、草决明 50 g、密蒙花 25 g、木贼 25 g、谷精草 25 g、蝉蜕 20 g,水煎喂服。

20. 芸香科 Rutaceae

黄柏

黄柏为芸香科植物黄檗(关黄柏)(*Phelloden dronamurense* Rupr.)和黄皮树(川黄柏)(*P. chinense* Schneid.)的干燥树皮(去栓皮)。主要产于四川、云南、贵州、辽宁、吉林等地。安徽界首、亳州有栽培。军工及细木工用材。树皮为软木材料,4~7 月间将树皮剥下,刮去外面粗皮,晒干,切丝。生用或盐水炒用。内皮可提黄色染料。干后入药,中药名为黄柏,具清热泻火、燥湿解毒功效。

◆ 性味、归经

苦,寒。入肾、膀胱、大肠经。

◆ 功效

清热燥湿,清泻肾火,清热解毒。

图 2-52　黄柏

◆ 成分

黄皮树树皮含小檗碱、木兰花碱、黄檗碱、掌叶防己碱、内酯、甾醇等。黄柏树皮含小檗碱约 1.6%,并含少量黄柏碱、木兰花碱、药根碱、掌叶防己碱、白梧楼碱、蝙蝠葛壬碱、胍;另含柠檬苦素、黄柏酮及菜油甾醇、豆甾醇、黄柏酮酸、青荧光酸、牛奶树醇、小檗红碱。

◆ 药理

具有抗菌、降压作用。蝙蝠葛壬碱对大鼠有箭毒样肌肉松弛作用,黄柏能增强家兔离体肠管的收缩,黄柏酮能使张力及振幅均增强,而黄柏内酯则使肠管弛缓,并能降低兔血糖等作用。

◆ 用量

马、牛:20~60 g;猪、羊:10~12 g;犬:5~6 g;兔、禽:0.5~2 g。外用适量。每千克鱼按 3~6 g 拌饵投喂。

◆ 应用研究

(1) 石榴皮、地榆、诃子、泽泻、黄芩、金银花、黄柏、苍术、陈皮等各等份组成的"白痢"可用于鸡白痢沙门氏菌人工感染鸡的预防和治疗,保护率达 88%~90%,治愈率为 75%~84.4%,并有明显的增重效果;用于鸡白痢阳性父母代产蛋鸡的治疗,可使鸡白痢的阳性率由 100% 降低到 13.3% 以下,同时能提高鸡的产蛋率和降低死淘率。

(2) 石榴皮、驴白胶、全当归、黄连、黄柏、甘草、干姜共为细末,每次 3~6 g,开水调服,可治疗仔猪白荆。

(3) 黄连 100 g、黄柏 100 g、大黄 50 g、龙胆草 30 g、大青叶 100 g、穿心莲 100 g,加水 3000 mL,煎至 2000 mL,稀释 10 倍,供 2000 只鸡 1 天饮用,连用 5 天,大肠杆菌病的治愈率达 97%。

（4）白头翁200 g、黄芩100 g、黄柏200 g、金银花200 g、马齿苋200 g、马尾200 g，共研细末，按1%加入饲料中饲喂，治疗雏鸡白痢，有效率达95%。

陈皮

陈皮为芸香科植物橘（*Citrus reticulata* Blanco.）及其栽培变种的成熟干燥果皮。主要产于安徽、四川、广东、浙江、福建、江西、湖南、云南等地。秋季果实成熟时采集。生用或麸炒用，以陈久者为佳，故名陈皮。

图2-53 橘与陈皮

◆ 性味、归经

辛、苦，温。入脾、肺经。

◆ 功效

理气健脾，燥湿化痰。

◆ 成分

含挥发油1.9%～3.5%，并含橙皮苷、川皮酮、肌醇、维生素 B_1、维生素 C 等。

◆ 药理

具有抗溃疡及助消化、抗菌、抗炎、升高血压作用；对肠管、气管和子宫平滑肌有松弛作用；陈皮注射液皮下注射，对豚鼠血清溶菌酶含量、血清血凝抗体滴度、心脏血 T 淋巴细胞 E 玫瑰花环形成率均有显著增强作用，但对 T 淋巴细胞转化率有明显的抑制作用。

◆ 用量

马、牛：30～60 g；猪、羊：6～10 g；犬、猫：3～5 g；兔、禽：1～3 g。

◆ 应用研究

（1）陈皮10%、桂皮40%、小茴香30%、沙羌10%、胡椒5%、甘草5%制成添加剂，每只鸡拌料1 g，可提高肉鸡增重，并改善鸡肉风味。

（2）陈皮、山楂、苍术、槟榔、黄芩、藿香、香薷等组成的添加剂，在猪、禽饲料中添加 3%～5%,能理气健脾,开胃促长,改善肉、蛋品质。饲喂商品猪,可以缓解热环境对生产性能的影响,试验猪体重可提高 8.7%,饲料利用率提高 12.4%。

(3) 陈皮、黄芪、当归、白术、甘草、茯苓等 10 多味中草药复合添加剂,饲喂伊沙褐蛋鸡,可开发出富含锌(1.188 mg/100 g)、硒(21.167 mg/100 g)的保健鸡蛋,锌和硒含量比普通鸡分别高出 17.62%、41.30%。

(4) 在蛋鸡饲料中添加陈皮 1.0% 饲喂 15 天,平均深褐壳蛋提高 11.86%,褐壳蛋提高 40.36%;加川陈皮 2.0% 饲喂 10 天,深褐与褐壳蛋平均提高 22.49%。

21. 堇菜科 Violaceae

紫花地丁

紫花地丁为堇菜科植物紫花地丁(*Violaye doensis* Mak.)的带根全草。主要产于长江流域下游至南部各省。安徽阜阳、蒙城、怀远有分布。5～6 月果熟时采取全草,洗净。鲜用或干用。

图 2-54　紫花地丁

◆ 形态特征

生活型:多年生草本,无地上茎。

株:高达 14～20 cm。

茎:根状茎短,垂直,节密生,淡褐色。

叶:基生叶莲座状;下部叶较小,呈三角状卵形或窄卵形,上部者较大,呈圆形、窄卵状披针形或长圆状卵形,长为 1.5～4 cm,宽为 0.5～1 cm,先端圆钝,基部平截或楔形,具圆齿,两面无毛或被细毛,果期叶长达 10 cm;叶柄果期上部具宽翅,托叶膜质,离生部分呈线状披针形,疏生流苏状细齿或近全缘。

花:花呈紫堇色或淡紫色,稀白色或侧方花瓣粉红色,喉部有紫色条纹;花梗与叶等长或高于叶,中部有 2 线形小苞片;萼片呈卵状披针形或披针形,长为 5～7 mm,基部附属物短;花瓣呈倒卵形或长圆状倒卵形,侧瓣长为 1～1.2 cm,内面无毛或有须毛,下瓣连管状距长为 1.3～2 cm,有紫色脉纹;距细管状,末端不向上弯;柱头呈三角形,两侧及后方具微隆起的缘边,顶部略平,前方具短喙。

果:基生叶莲座状;下部叶较小,呈三角状卵形或窄卵形,上部者较大,圆形、窄卵状披针形或长圆状卵形,长为 1.5～4 cm,宽为 0.5～1 cm,先端圆钝,基部平截或楔形,具圆齿,两面无毛或被细毛,果期叶长达 10 cm;叶柄果期上部具宽翅,托叶膜质,离生部分呈线状披针形,疏生流苏状细齿或近全缘;蒴果呈长圆形,无毛。

◆ 生态习性

国内产地:黑龙江、吉林、辽宁、内蒙古、河北、山西、陕西、甘肃、山东、江苏、安徽、浙江、江西、福建、台湾、河南、湖北、湖南、广西、四川、贵州、云南。

国外分布:朝鲜、日本、俄罗斯等国家。

生境:田间、荒地、山坡草丛、林缘或灌丛中。

物候期:花果期为 4～9 月。

◆ 性味、归经

苦、辛,寒。入心、肝经。

◆ 功效

清热解毒,凉血消肿。

◆ 成分

全草含棕榈酸(palmiticacid)、琥珀酸(succinicacid)、对羟基苯甲酸(p-hydroxybenzoicacid)、反式对羟基桂皮酸(trans-p-hydroxycinnamicacid)、地丁酰胺(violyedoenamide)等,还含有能抑制艾滋病毒活性的横化聚糖,以及有免疫刺激作用的多糖等。

◆ 药理

具有抗病原微生物、增强免疫功能等作用。100% 煎剂对铜绿假单胞杆菌、大肠杆菌、痢疾杆菌、伤寒杆菌、金黄色葡萄球菌、流感杆菌、白喉杆菌、甲型链球菌、乙型链球菌、肺炎球菌、白色葡萄球菌、结核杆菌、白色念珠球菌有抗菌作用。

◆ 用量

马、牛:60～80 g;猪、羊:15～30 g;驼:80～120 g;犬:3～6 g。

◆ 应用研究

(1) 当归 5 g、黄芪 5 g、元参 8 g、蒲公英 10 g、地丁 10 g、大青叶 10 g、黄芩 5 g、益母草 10 g、连翘 5 g、木通 5 g、泽兰叶 5 g、知母 5 g、甘草 5 g 组成添加剂,以 0.1% 的剂量添加在海兰白鸡日粮中,产蛋率较对照组提高 3.1%,死淘率降低 1.1%,并可改善饲料报酬。

(2) 紫花地丁、蒲公英、败酱草、白头翁各等份,研末,按日粮 1.5% 混饲,对雏鸡白痢保护率达 99%,治愈率达 98%。

（3）白头翁、紫花地丁、半边莲、双花、蒲公英、石膏，共研细末，按 1.5% 添加入饲料中饲喂，治疗鸡白痢。

22. 马齿苋科 Portulacaceae

马齿苋

马齿苋为马齿苋科植物马齿苋（*Portulaceo leracea* L.）的干燥地上部分，又称马齿菜、马苋菜、生命菜、酱板豆草等，在我国各地田野，沟旁丛生。可药用其茎叶或全草。鲜用或晒干粉碎用。

图 2-55　马齿苋

◆ 形态特征

生活型：1 年生草本。

株：全株无毛。

茎：茎平卧或斜倚，铺散，多分枝，圆柱形，长为 10～15 cm，淡绿或带暗红色。

叶：叶互生或近对生，扁平肥厚，呈倒卵形，长为 1～3 cm，先端钝圆或平截，有时微凹，基部呈楔形，全缘，上面呈暗绿色，下面呈淡绿或带暗红色，中脉微隆起；叶柄粗短。

花：花无梗，径为 4～5 mm，常有 3～5 簇生枝顶，午时盛开；叶状膜质苞片有 2～6 片，近轮生；萼片有 2，对生，呈绿色，盔形，长约为 4 mm，背部龙骨状凸起，基部连合；花瓣（4）5，呈黄色，长为 3～5 mm，基部连合；雄蕊 8 或更多，长约为 1.2 cm，花药呈黄色，子房无毛，花柱较雄蕊稍长。

果：蒴果长约为 5 mm。

种子：种子呈黑褐色，径不足 1 mm，具小疣。

◆ 生态习性

国内产地：我国南北各地均产。

国外分布：全球温带和热带地区。

生境：性喜肥沃土壤，耐旱亦耐涝，生命力强，菜园、农田、路旁，为田间常见杂草。

物候期：花期为5～8月，果期为6～9月。

◆ 性味、归经

味酸，性寒。入心、肝、脾经。

◆ 功效

清热解毒，凉血消肿。

◆ 成分

新鲜全草约含 0.25% 的去甲肾上腺素（noradrenaline）和钾盐（氯化钾、硝酸钾、硫酸钾），鲜草含 1% 的钾盐，干草含 17% 的钾盐，尚含有二羟基苯乙胺、二羟基苯丙氨酸、丰富的苹果酸、枸橼酸、氨基酸、维生素 B_1、维生素 B_2、维生素 PP、维生素 C、胡萝卜素等。全草含生物碱、香豆精、黄酮类、强心及蒽醌类化合物。

◆ 药理

具有抗菌、收缩子宫、松弛骨骼肌、加强心肌收缩力、降低全血低切表观黏度及血浆中切表观黏度、降血脂等作用。

◆ 用量

牛、马：30～120 g；猪、羊：15～30 g；兔、禽：1.5～6 g；每千克鱼按 5～10 g 用量拌饵投喂。

◆ 应用研究

（1）用 5%～10% 的马齿苋饲喂断奶后的家兔，日喂 2～3 次，成活率均在 90% 以上，且增重快，抗病力强。

（2）苍术 30 g、黄芪 20 g、陈皮 30 g、大青叶 20 g、白头翁 30 g、五味子 10 g、马齿苋 30 g、车前草 20 g、甘草 10 g，在兔饲料中添加，试验组兔增重提高 19%，发病率低，无死亡；成年兔的产毛量提高 15.6%；繁殖母兔窝产活仔数提高 16.4%。

（3）从分娩前 3～5 天至分娩后 45 天，在母猪饲料中添加 3% 的马齿苋干粉，可减少所产仔猪黄痢、白痢的发病率，提高断乳仔猪成活率及增重。

（4）马齿苋 200 g、白头翁 200 g、黄芩 100 g、黄柏 100 g、金银花 200 g、马尾连 200 g，共研细末，并在鸡饲料中添加 1%，用于治疗鸡白痢。

23. 睡莲科 Nymphaeaceae

荷叶

荷叶为睡莲科植物莲（*Nelumbo nucifera* Gaertn.）的叶片。自生或栽培于池塘内。我国大部分地区可见，尤其富产于江南各地。夏秋季节采收，除去叶柄，晒至七八成干，对折成半圆形，晒干；鲜叶在其生长期随采随用。

◆ 性味、归经

味苦、涩,性平。入肝、脾胃经。

◆ 功效

升发清阳,除痰化瘀,解暑。

图 2-56　莲与荷叶

◆ 成分

含有多种生物碱,包括荷叶碱(nuciferine)、原荷叶碱(nomuciferine)、莲碱(roemerine)、亚美罂粟碱(armepavine)、番荔枝碱(anonaine)、前荷叶碱(pro-nuciferine)、鹅掌楸碱(liriodentine)、右旋 N-甲基衡州乌药碱(N-methyloolau-rine)、去氢荷叶碱、去氢莲碱、去氢番荔枝碱、N-甲基衡州乌药碱等,另含莲苷(nelumboside)、槲皮素、异槲皮苷(isoquercitrin)、维生素 C、枸橼酸、酒石酸、苹果酸、琥珀酸、β-谷甾醇。

◆ 药理

具有促进脂肪分解代谢、抗氧化、增强心血管功能、提高免疫力、抗菌等作用。

◆ 用量

马、牛:30～60 g;猪、羊:10～15 g;犬、猫:5～10 g。

◆ 应用研究

(1) 治宠物肥胖症。① 新鲜荷叶 5～10 g 捣成糊状掺于饲料中投喂,可促进脂肪代谢,防治肥胖;② 干荷叶粉为细末,按 3%～5% 的比例添加于宠物饲料中投喂,能防治高血脂、脂肪肝及肥胖。

(2) 治牛马难产。荷叶 250 g,煎水喂服。

(3) 治胎衣不下。荷叶 60 g,车前子 30 g,煎水喂服,可促进胎衣排出。

(4) 治母畜子宫脱落。荷叶 60 g、黄芪 60 g、升麻 30 g、川芎 30 g、柴胡 20 g、车前子 20 g、朴硝 30 g、甘草 10 g，共煎水喂服。

（5）治猪肠炎腹泻。新鲜荷叶 4 张，捣烂喂服，每天 1 剂，连服 3～5 剂。

（6）治牛出血性肠炎。荷叶 60 g，藕节 50 g，大蓟 30 g，小蓟 30 g，棕榈炭 30 g、白茅根 30 g，百草霜为引，每天 1 剂，连服 2～3 剂。

24. 十字花科 Brassicaceae(Cruciferae)

莱菔子

莱菔子为十字花科植物莱菔（萝卜）（*Raphanus sativus* L.）的种子。我国各地均产。初夏采收成熟种子，晒干。生用或炒用。

图 2-57　莱菔和莱菔子

◆ 性味、归经

辛、甘，平。入肺、脾经。

◆ 功效

消食导滞，理气化痰。

◆ 成分

含莱菔素、挥发油、脂肪油、芥子碱硫酸氢盐。挥发油含甲硫醇等，脂肪油含多量芥酸、亚油酸、亚麻酸以及芥子酸甘油酯。

◆ 药理

具有抗菌、抗炎、降压作用；另外，莱菔素在体外可抑制植物种子发芽和兔睾丸组织细胞的生长，对离体蛙心有抑制作用。

◆ 用量

马、牛：15～45 g；驼：30～100 g；猪、羊：6～12 g；犬：3～6 g；兔、禽：1.5～2 g。

◆ 应用研究

（1）莱菔子、使君子、神曲、麦芽、贯众、当归等组方，并配合少量碳酸氢钠、糖化酶、畜用微量元素(含有铜、铁、锌、硒、碘等)、沸石粉等,每日在奶牛基础日粮中添加 50 g 上述混合粉末,与对照组比较发现,每头奶牛增重 4.5 kg,平均日产奶量提高 20.93%。

(2) 山楂 60 g,神曲 20 g,枳实 30 g,莱菔子 60 g,研末,与蜂蜜 20 g 混匀,耕牛 1 次内服,每天 1 剂,连服 5 剂,可使耕牛肥壮。

(3) 党参、黄芪、白术、麦芽、半夏、龙胆草、莱菔子、熟地、神曲、陈皮、厚朴、茯苓、甘草,共研细末,按 1% 混饲于鸡日粮中,可健胃促长。

25. 杜仲科 Eucommiaceae

杜仲

杜仲为杜仲科植物杜仲(*Eucommiaul moides* Oliv.)的干燥树皮。主要产于四川、云南、贵州、湖北等地,安徽蒙城有人工种植。夏秋季采收,去外表粗皮,晒干。切丝生用或盐水炒用。

图 2-58 杜仲

◆ 形态特征

生活型:落叶乔木。

株:高达 20 m,胸径 1 m。

茎:树皮呈灰褐色,粗糙,植株具丝状胶质。

枝:芽呈卵圆形,光红褐色。

叶:单叶互生,呈椭圆形、卵形或长圆形,薄革质,长为 6～15 cm,宽为 3.5～6.5 cm,先端渐尖,基部呈宽楔形或近圆,羽状脉,具锯齿;叶柄长为 1～2 cm,无托叶。

花:花单性,雌雄异株,无花被,先叶开放,或与新叶同出;雄花簇生,花梗长约为 3 mm,无毛,具小苞片,雄蕊为 5～10 个,呈线形,花丝长约为 1 mm,花药 4 室,纵裂;雌花单生小枝下部,苞片呈倒卵形,花梗长为 8 mm,子房无毛,1 室,先端 2

裂,子房柄极短,柱头位于裂口内侧,先端反折,倒生胚珠 2,并立、下垂。

果:翅果扁平,呈长椭圆形,先端 2 裂,基部呈楔形,周围具薄翅。

◆ 生态习性

国内产地:全国各地均有栽种,主要分布于西南、华中地区。

生境:低山,谷地或低坡的疏林里,杜仲对土壤的选择并不严格,在瘠薄的红土或岩石峭壁均能生长。

海拔:300～500 m。

物候期:花期为 4 月,果期为 10 月。

◆ 性味、归经

甘,温。入肝、肾经。

◆ 功效

安胎暖宫,补肝肾,强筋骨。

◆ 成分

含杜仲胶 6%～10%,根皮含 10%～12%;含木质体类物质:右旋松脂醇二葡萄糖苷、松脂醇葡萄糖苷、环橄榄树脂素、右旋橄榄树脂素、右旋丁香树脂酚葡萄糖苷赤式二羟基去氢松柏醇等;含去羟栀子、去羟栀子酸、杜仲醇、桃叶珊瑚、绿原酸、卫矛醇、咖啡酸、酒石酸、白桦脂酸、香草酸等;还含赖氨酸、色氨酸等 17 种氨基酸,抗菌蛋白,杜仲多糖 A、B 等。

◆ 药理

具有镇静、镇痛、抗炎、利尿、止血、抗菌、抗病毒等作用;还有降压、扩张血管、降血清胆固醇、兴奋子宫平滑肌、利胆、兴奋中枢等作用。

◆ 用量

马、牛:15～60 g;猪、羊:5～10 g;犬:3～5 g。

◆ 应用研究

(1) 杜仲(炒)、当归、川芎、熟地、管桂、茴香、元参、阳起石、阴起石各 30 g,共研细末,掺入母猪饲料内喂服,治疗不孕症。

(2) 杜仲 80 g,肉苁蓉 80 g,续断 75 g,骨碎补 90 g,补骨脂 100 g,菟丝子 100 g,巴戟天 80 g,益智仁 80 g,用于提高种公畜性机能。

(3) 杜仲叶磨成粉末,在鱼的精料添加 2%～4%,制成颗粒饲料饲喂,可改善肉质。

(4) 淫羊藿 60 g、肉蓉 30 g、芦巴子 24 g、山药 24 g、枸杞子 24 g、当归 24 g、熟地 24 g、白芍 24 g、益母草 30 g、杜仲 30 g、川芎 15 g,共研细末,每头母猪每天按 50 g 拌料饲喂,可治疗母猪不孕症。

亚麻子

亚麻子为亚麻科植物亚麻(*Linum usitatissimum* L.)的干燥成熟种子,主要产于东北地区,全国各地均有栽培。8～10月间果实成熟时割取全草,捆成小把,晒干,打取种子,除净杂质,晒干。

◆ 形态特征

亚麻为1年生草本,高达40～70 cm。茎直立,上部多分枝。叶呈线形至线状披针形,长为1～3 cm,宽为1.5～2.5 cm,先端锐尖,全缘,无柄。

花:花萼片呈卵状披针形,边缘有纤毛;花瓣呈蓝色或白色;雄蕊有5个,退化雄蕊有5个;子房5室,花柱分离,柱头棒状。蒴果呈球形,直径约为7 mm,顶端有5瓣裂。种子有10。花期为5～6月,果期为6～9月。中国研究人员为了对不同产地亚麻子药材进行质量评价,以α-亚麻酸、亚油酸为测定指标,采用气相色谱法测定了6个产地亚麻子中两者的含量,以确定亚麻子的最佳产地。结果在6个产地的样品中,α-亚麻酸和亚油酸的平均含量分别为45.17%和21.19%,其中以内蒙古产亚麻子中的α-亚麻酸和亚油酸含量最高,分别达到53.20%、25.70%。

亚麻子呈扁卵圆形,一侧较薄,一端钝圆,另一端尖,并歪向一侧,长为4～6 mm,宽为2～3 mm,厚约为1.5 mm。表面为棕色,平滑且有光泽,扩大镜下可见微小的凹点,种脐位于尖端凹入部分,种脊呈浅棕色,位于一侧边缘。种皮薄,除去后,可见棕色薄膜状的胚乳,其内面有两片一面平、一面突起的大形子叶,呈黄色,富油性,胚根朝向种子的尖端。浸在水中,表皮中的黏液膨胀而成一黏液套,包围整个种子。嚼之带黏液性,油样,气无。以色红棕、光亮、饱满、纯净者为佳。

图 2-59　亚麻与亚麻子

◆ 生长环境

亚麻喜适宜温和凉爽、湿润的气候昼夜温差小。出苗到开花雨量多,且分布均匀,日照较弱。开花到成熟阶段雨量较少而光照充足,有利于麻茎的营养生长和纤维发育。

◆ 分布范围

亚麻在中国的大部分地区有栽培,主要产于内蒙古、甘肃、黑龙江和云南等地。亚麻是小的红棕色果实,有的坚果风味,滑滑的、硬硬的,常用的是亚麻子粉。

◆ 性味、归经

甘,平。入肝、胃经。

◆ 功效

养血祛风,润燥通便。

◆ 成分

含脂肪油30%～48%,主要为油酸15%～20%、亚油酸25%～59%、亚麻酸21%～45%,棕榈酸、硬脂酸等甘油酯;含蛋白质18%～33%、黏质5%～12%、糖12%～26%、有机酸及维生素A。此外,尚含有少量的氰即亚麻苦甙。

◆ 药理

具有润滑、缓和刺激、轻泻作用。亚麻苦甙对小肠的分泌、运动功能有调节作用,亚麻油可用于预防高脂血症或动脉粥样硬化。

◆ 用量

马、牛:120～250 g;猪、羊:60～120 g;犬:30～60 g。

◆ 应用研究

在肉仔鸡日粮重添加6.0%～10.0%的胡麻饼,对鸡增重有显著影响,可获得较好的饲料报酬和经济效益。

二、合瓣花亚纲

27. 木犀科 Oleaceae

秦皮

中药秦皮为木犀科植物苦枥白蜡树(*Fraxinus rhynchophylla* Hance.)、小叶白蜡树(*F. bungeana* DC.)或秦岭白蜡树(*F. paxiana* Lingelsh.)的干燥树皮。主要产于安徽、陕西、河北、河南、辽宁、吉林等地。春秋修整树枝时剥取树皮,晒干。切丝生用。

◆ 形态特征

生活型:落叶乔木。

株:高约为15 m;树皮呈淡黄色,粗糙。

茎:树皮呈灰褐色,纵裂。

枝:小枝无毛或疏被长柔毛,旋脱落。

叶：羽状复叶长为 12~35 cm；小叶有 3~7 片，硬纸质，呈卵形、长圆形或披针形，长为 3~12 cm，先端锐尖或渐尖，基部圆钝或呈楔形，具整齐锯齿，上面无毛，下面延中脉被白色长柔毛或无毛；小叶柄长为 3~5 mm。

花：圆锥花序花序轴无毛或被细柔毛；花雌雄异株；雄花密集，花萼长约为 1 mm，无花冠；雌花疏离，花萼长为 2~3 mm，无花冠。

果：翅果匙形，长为 3~4 cm，宽为 4~6 mm，先端锐尖，常梨头状，翅下延至坚果中部。

图 2-60　秦皮

◆ 性味、归经

苦、涩，寒。入肝、胆、大肠经。

◆ 功效

清热燥湿，清肝明目。

◆ 成分

苦枥白蜡树皮含马栗树皮素（aesculetin）、马栗树皮苷（aesculin）、生物碱；白蜡树皮含马栗树皮素（aesculetin）、秦皮素（fraxetin）。

◆ 药理

具有抗炎、抗菌、抗过敏、镇咳、祛痰和平喘、镇静、抗惊及镇痛、利尿等作用。

对多型痢疾杆菌有较强的抑菌作用。

◆ 用量

马、牛:15～45 g;猪、羊:6～12 g;兔、禽:1～1.5 g;犬:3～6 g。外用适量。

◆ 应用研究

(1)白头翁 60 g、黄柏 30 g、黄连 45 g、秦皮 60 g,共研为细末,开水冲调,候温灌服。治疗肠炎腹泻。

(2)黄柏、秦皮、三棵针、白头翁各等份制成的中草药散剂,按 1%添加在人工感染大肠埃希氏菌雏鸡饲料中投喂,试验组存活率为 78%,氯霉素对照组为 56%,阳性对照组为 44%。

(3)白头翁 50 g、龙胆草 50 g、秦皮 50 g、地胆 50 g、金银花 50 g、薏苡根 100 g、藿香 50 g,共研为细末,每头猪每天按 50 g 拌料饲喂,连服 8 天,治疗猪丹毒 500例,有效率达 95%。

连翘

连翘为木犀科植物连翘[*Forsythia suspense*(Thunb.)Vahl.]的成熟干燥果壳。主要产于山西、陕西、河南等地,甘肃、河北、山东、湖北、安徽亦产。白露前采初熟果实,色尚青绿,称青翘。寒露前采熟透果实则为黄翘(老翘)。青翘蒸熟晒干,筛取籽实称连翘心。以青翘为佳,生用。

图 2-61　连翘

◆ 形态特征

识别要点:与原变型的区别在于本变型的幼枝、叶柄以及叶片上面均被短柔毛,而叶片下面被柔毛或短柔毛,尤以叶脉为密。

生活型:落叶灌木。

枝:枝开展或下垂,呈棕色、棕褐色或淡黄褐色,小枝呈土黄色或灰褐色,略呈四棱形,疏生皮孔,节间中空,节部具实心髓。

叶:叶通常为单叶,或 3 裂至三出复叶,叶片呈卵形、宽卵形或椭圆状卵形至椭圆形,长为 2～10 cm,宽为 1.5～5 cm,先端锐尖,基部呈圆形、宽楔形至楔形,叶缘除基部外具锐锯齿或粗锯齿,上面呈深绿色,下面呈淡黄绿色,两面无毛;叶柄长为 0.8～1.5 cm,无毛。

花:花通常单生或 2 至数朵着生于叶腋,先于叶开放;花梗长为 5～6 mm;花萼呈绿色,裂片呈长圆形或长圆状椭圆形,长为 5～7 mm,先端钝或锐尖,边缘具睫毛,与花冠管近等长;花冠呈黄色,裂片呈倒卵状长圆形或长圆形,长为 1.2～2 cm,宽为 6～10 mm。在雌蕊长为 5～7 mm 的花中,雄蕊长为 3～5 mm;在雄蕊长为 6～7 mm 的花中,雌蕊长约为 3 mm。

果:果呈卵球形、卵状椭圆形或长椭圆形,长为 1.2～2.5 cm,宽为 0.6～1.2 cm,先端喙状渐尖,表面疏生皮孔;果梗长为 0.7～1.5 cm。

◆ 性味、归经

苦,微寒。入心、肺、胆经。

◆ 功效

清热解毒,消肿散结。

◆ 成分

果实含连翘苷,连翘苷元,连翘酯苷 A、C、D、E,连翘种苷,毛柳苷,连翘环己醇苷 A、B、C,连翘环己醇,异连翘环己醇,穗罗汉树脂醇苷,白桦脂醇,齐墩果酸,熊果酸及芸香苷等。

◆ 药理

具有抗菌、抗炎、解热、抗肝损伤、镇吐、利尿、降压的作用;另外,还有显著抑制弹性蛋白酶活力的作用,且有剂量依赖性。

◆ 用量

马、牛:15～60 g;猪、羊:6～12 g;犬:3～6 g;兔、禽:1～3 g。

◆ 应用研究

(1) 当归 5 g、黄芪 5 g、元参 8 g、蒲公英 10 g、地丁 10 g、大青叶 10 g、黄芩 5 g、益母草 10 g、连翘 5 g、木通 5 g、泽兰叶 5 g、知母 5 g、甘草 5 g 组成添加剂,以 0.1% 的剂量添加在海兰白鸡日粮中,产蛋率较对照组提高 3.1%,死淘率降低 1.1%,并可改善饲料报酬。

（2）公英、地丁、连翘各 50 g，金银花、板蓝根各 100 g，桔梗、射干、生甘草各 30 g，共研为细末，100 只成鸡一次混饲，雏鸡用量减半，每天 1 次，连用 3 天，治疗鸡传染性喉气管炎，对肺热、感冒有一定的防治作用。

（3）黄芩、黄连、黄柏、连翘、双花、紫金牛、茵陈、乌梅、枳壳、甘草，共研为细末，按 1%添加于饲料饲喂，治疗鸭病毒性肝炎。

女贞子

女贞子为木犀科植物女贞（*Ligustrum lucidum* Ait.）的成熟干燥果实。全国各地均有栽培。冬季果实熟时采收。蒸熟，晒干用。

图 2-62　女贞和女贞子

◆ 形态特征

生活型：灌木或乔木，高可达 25 m，树皮为灰褐色。

株：高达 25 m。

枝：枝呈黄褐色、灰色或紫红色，圆柱形，疏生圆形或长圆形皮孔。

叶：叶片常绿，革质，呈卵形、长卵形或椭圆形至宽椭圆形，长为 6～17 cm，宽为 3～8 cm，先端锐尖至渐尖或钝，基部呈圆形或近圆形，有时呈宽楔形或渐狭，叶缘平坦，上面光亮，两面无毛，中脉在上面凹入，下面凸起，侧脉有 4～9 对，两面稍凸起或有时不明显;叶柄长为 1～3 cm,上面具沟,无毛。

花:圆锥花序顶生,长为 8～20 cm,宽为 8～25 cm;花序梗长为 0～3 cm;花序轴及分枝轴无毛,呈紫色或黄棕色,果实具棱;花序基部苞片常与叶同型,小苞片呈披针形或线形,长为 0.5～6 cm,宽为 0.2～1.5 cm,凋落;花无梗或近无梗,长不超过 1 mm;花萼无毛,长为 1.5～2 mm,齿不明显或近截形;花冠长为 4～5 mm,花冠管长 1.5～3 mm,裂片长为 2～2.5 mm,反折;花丝长为 1.5～3 mm,花药呈长圆形,长为 1～1.5 mm;花柱长为 1.5～2 mm,柱头呈棒状。

果:果呈肾形或近肾形,长为 7～10 mm,径为 4～6 mm,呈深蓝黑色,成熟时呈红黑色,被白粉;果梗长为 0～5 mm。

◆ 性味、归经

甘、微苦,平。入肝、肾经。

◆ 功效

补肾,养肝,明目。

◆ 成分

含齐墩果酸(oleanolicacid)、甘露醇(mannitol)、柳得洛苷、葡萄糖、棕榈酸、硬脂酸、油酸、亚油酸。果皮含齐墩果酸、乙酰齐墩果酸、熊果酸。种子含脂肪油 14.9%,油中棕榈酸、硬脂酸为 9.5%,油酸、亚麻酸等为 80.5%。

◆ 药理

具有增强免疫、抑制变态反应、抗炎、促进红系造血、护肝、降血脂、降低血糖、抗脂质过氧化、抗血卟啉衍生物光氧化、抗癌、抗菌等作用。

◆ 用量

马、牛:15～60 g;猪、羊:6～12 g;犬、猫:3～6 g;兔、禽:1.5～3 g。

◆ 应用研究

(1) 女贞子、杜仲、山楂组成的方剂,按 3% 添加于生长育肥猪日粮中,饲喂 60 天,平均每头猪日增重提高 110 g。

(2) 柴胡 300 g、黄芪 450 g、党参 400 g、白芍 360 g、当归 360 g、甘草 240 g、茵陈 180 g、女贞子 240 g 配制成添加剂,按 0.3% 添加到蛋鸡日粮中,可显著提高产蛋率,降低料蛋比和死亡率。

(3) 女贞子、神曲、枸杞子、氨基酸,共研为细末,按 0.15%～0.2% 的比例添加于饲料中,使蛋鸡产蛋增加。

28. 龙胆科 Gentianaceae

龙胆草

龙胆草为龙胆科植物龙胆(*Gentianas cabra* Bge.)、条叶龙胆(*G. manshurica*

Kitag.)和三花龙胆(*Gentiana triflora* Pall.)的干燥根和根茎。主要产于黑龙江、辽宁、吉林、江苏、浙江、安徽等地。春、秋采挖,以秋末挖者为佳,挖取根部,除去地上残茎,洗净泥土,晒干,切片。生用。

图 2-63　龙胆草

◆ 形态特征

生活型:多年生草本。

株:高达 60 cm。

茎:根茎平卧或直立。

枝:花枝单生,棱被乳突;枝下部叶呈淡紫红色,鳞形,长为 4～6 mm,中部以下连成筒状抱茎;中上部呈叶卵形或卵状披针形,长为 2～7 cm,上面密被细乳突。

花:花簇生枝顶及叶腋;花无梗;每花具 2 苞片,苞片呈披针形或线状披针形,长为 2～2.5 cm;萼筒倒锥状筒形或宽筒形,长为 1～1.2 cm,裂片常外翻或开展,呈线形或线状披针形,长为 0.8～1 cm;花冠呈蓝紫色,有时喉部具黄绿色斑点,筒状钟形,长为 4～5 cm,裂片呈卵形或卵圆形,长为 7～9 mm,先端尾尖,褶偏斜,呈窄三角形,长为 3～4 mm。

果:蒴果内藏,呈宽长圆形,长为 2～2.5 cm。

种子:种子具粗网纹,两端具翅。

◆ 性味、归经

苦,寒。入肝、胆、膀胱经。

◆ 功效

清热燥湿,泻肝经火。

◆ 成分

含龙胆苦苷(gentiopicrin)、龙胆碱(gentianine)、龙胆糖(gentianose)、龙胆黄碱(gentioflavine)、当药苦苷(swertiamarin)。

◆ 药理

具有健胃、抗菌、抗炎、保肝利胆、镇静降压等作用。

◆ 用量

马、牛:15～45 g;猪、羊:6～15 g;犬、猫:3～8 g;兔、禽:1.5～3 g。

◆ 应用研究

(1) 苍术 2 份,厚朴、白术、干姜、肉桂、柴胡、白芍、龙胆草、黄芩各 1 份,按用药要求炮制后,制成干粉,混入适量木炭末。拌料饲服,每天两次,成鸡每次5 g,雏鸡 2～3 g,可用于治疗各种原因引起的腹泻症。对沙门氏菌、大肠杆菌有较好的抑菌作用;临床用药治疗总有效率达 95%,可作为饲料添加剂预防雏鸡的腹泻病。

(2) 白头翁 6 g、龙胆草 3 g、黄连 1 g 研末,用米汤调成糊状涂在母猪乳头上,令每头仔猪每次食入 1.5～3 g,每天两次,连用 2～3 天,可防治仔猪白痢。

(3) 党参、黄芪、白术、麦芽、半夏、龙胆草、莱菔子、熟地、神曲、陈皮、厚朴、茯苓、甘草,共研为细末,按 1%混饲于日粮中,作为鸡的健胃方。

(4) 乌梅、煨诃子肉、姜黄、黄连、白头翁、龙胆草、石榴皮,共研为细末,每头小猪每天添加 10 g,拌料饲服,治疗仔猪白痢病有效率达 94.12%。

29. 萝藦科 Asclepiadaceae

徐长卿

徐长卿为萝藦科植物徐长卿[*Cymanchum paniculaturn*(Bge.) Krtag.]的干燥根及根茎。主要产于江苏、安徽、山东、湖南、湖北、河南。全草:夏秋挖采,扎成小捆,除去杂质,晾干或晒干。根及根茎:冬季倒苗后挖,洗净,晒干。

◆ 形态特征

生活型:多年生草本。

株:高达 1 m。

茎:茎常不分枝,无毛或下部被糙硬毛。

叶:叶对生,呈窄披针形或线形,长为5～13 cm,宽为0.5～1 cm,先端长渐尖,两面无毛或被微柔毛,具缘毛;叶柄长约为3 mm。

图2-64　徐长卿

花:聚伞花序呈圆锥状,顶生或近顶生,长达7 cm,花序梗长为2.5～4 cm;花梗长为0.5～1 cm;花萼裂片呈披针形,长为1～1.5 mm,内面具腺体或无;花冠呈黄绿色,近辐状,无毛,花冠筒短,裂片呈卵形,长为4～5.5 mm;副花冠5深裂,裂片肉质,呈卵状长圆形,内面基部龙骨状增厚;花药顶端附属物呈半圆形,花粉块呈长圆形;柱头稍脐状凸起。

果:蓇葖果呈披针状圆柱形,长为4～8 cm,径为3～8 mm。

种子:种子呈长圆形,长约为5 mm,种毛长为1.5～3 cm。

◆ 性味、归经

辛,性温。归肝、胃、脾经。

◆ 功效

镇痛、镇静,祛风止痒,解蛇虫毒。

◆ 成分

全草含牡丹酚、赤藓醇、三十烷、十六碳烯等,还含甾体化合物(β-谷甾醇、直立白薇苷等)。根含新直立白薇苷。

◆ 药理

具有解热、镇痛、抗惊厥、降压、降血脂、抗动脉粥样硬化、抗炎、抗变态反应、抑制血小板聚集及血栓形成等多种功效。腹腔注射牡丹酚，能显著抑制大鼠皮肤过敏反应。

◆ 用量

马、牛：30～45 g；猪、羊：10～15 g；犬：6～8 g。

◆ 应用研究

由防风、白芷、柴胡、川芎、苍耳、地龙、徐长卿、浮萍等制成的鼻炎灵，用于治疗过敏性鼻炎，对大鼠被动皮肤过敏和组织胺诱发的石跖肿胀有明显的保护作用，对豚鼠过敏性支气管痉挛及过敏性休克有显著的对抗作用。

30. 茜草科 Rubiaceae

栀子

栀子为茜草科植物栀子（*Gardenia jasminoides* Ellis.）的成熟干燥果实。主要产于浙江、江西、湖南、福建、安徽等地。秋季果实成熟时采摘，晒干入药。生用、炒用或炒炭用。

图 2-65　栀子

◆ 形态特征

生活型:灌木。

株:高达 3 m。

叶:叶对生或 3 枚轮生,呈长圆状披针形、倒卵状长圆形、倒卵形或椭圆形,长为 3～25 cm,宽为 1.5～8 cm,先端渐尖或短尖,基部呈楔形,两面无毛,侧脉有 8～15 对;叶柄长为 0.2～1 cm;托叶膜质,基部合生成鞘。

花:花芳香,单朵生于枝顶,萼筒宿存;花冠呈白或乳黄色,高脚碟状。

果:果呈卵形、近球形、椭圆形或长圆形,黄或橙红色,长为 1.5～7 cm,径为 1.2～2 cm,有翅状纵棱 5～9,宿存萼裂片长达 4 cm,宽为 6 mm;种子多数,近圆形。

◆ 性味、归经

苦,寒。入心、肝、肺、胃经。

◆ 功效

清热降火,凉血止血,清利湿热,解毒消肿。

◆ 成分

含绿原酸、6′-对香豆酰桷子素龙胆二糖苷、3,4-二-O-咖啡酰奎宁酸、3-O-咖啡酰-4-O-芥子酰奎宁酸、乙酰都桷子苷、栀子苷、栀子酮苷、山栀苷、去乙酰车叶草苷酸、栀子萜酮、藏红花酸、反藏红花酸-二-龙胆二糖苷、反藏红花酸-二葡萄糖苷脂等。

◆ 药理

具有保肝利胆、促进胰腺分泌的作用,对胃功能的保护为抗胆碱性的抑制、抗炎、抗病原体、抑制诱变剂活性作用;栀子醇提物具有镇静、抗惊厥、降温作用;还有降压、降低心肌收缩力、防治动脉粥样硬化等作用。

◆ 用量

马、牛:15～45 g;驼:45～90 g;猪、羊:6～12 g;犬:3～6 g;兔、禽:1～2 g。

◆ 应用研究

(1) 雄黄、白头翁、黄柏、栀子等组成的"鸡痢灵",按 2%～3% 的比例拌料喂鸡,能很好地控制雏鸡白痢。

(2) 栀子 6 g、沙棘 18 g、甘草 9 g、葡萄干 12 g、木香 6 g,共研为细末,每头猪每天按 20 g 拌料饲喂,可治疗猪气喘病。

(3) 栀子、黄连须、黄芩、黄柏、黄药子、双花、柴胡、大青叶、防风、雄黄、明矾、甘草,共研为细末,每只鸡每次定期服用 1 g,可以预防禽霍乱。

菟丝子

菟丝子为旋花科植物菟丝子（*Cuscuta chinensis* Lam.）的种子。主要产于安徽、山东、河北、山西、陕西、江苏、辽宁、黑龙江、吉林、内蒙古等地。10月中旬,菟丝子果壳变黄,当约有1/3植株已干枯时,割下寄生,晒干,脱粒,扬净,将菟丝子与大豆分开后储藏。

图 2-66　菟丝子

◆ 形态特征

茎:茎黄色,纤细,径约为1 mm。

花:花序侧生,少花至多花密集成聚伞状伞团花序,花序无梗;苞片及小苞片呈鳞片状;花梗长约为1 mm;花萼呈杯状,中部以上分裂,裂片呈三角状,长约为1.5 mm;花冠呈白色,壶形,长约为3 mm,裂片呈三角状卵形,先端反折;雄蕊生于花冠喉部,鳞片呈长圆形,伸至雄蕊基部,边缘呈流苏状;花柱2,等长或不等长,柱头呈球形。

果:蒴果呈球形,径约为3 mm,为宿存花冠全包,周裂。

种子:种子有2～4粒,呈卵圆形,淡褐色,长为1 mm,粗糙。

染色体:$2n = 28, 56$。

◆ 性味、归经

甘,温。入肝、脾、肾经。

◆ 功效

滋补肝肾,固精缩尿,安胎,明目,止泻。

◆ 成分

含槲皮素(quercetin),紫云英苷(astragalin),金丝桃苷(hyperin),槲皮素-3-O-β-D-半乳糖-7-O-β-葡萄糖苷(quercetin-3-O-β-Dgalactoside-7-O-β-qlucoside),菟丝子胺(cuscutamine),菟丝子苷(cuscutoside)A、B,熊果酚苷(arbutin),绿原酸(chlorogenicacid),咖啡酸(caffeicacid),对-香豆酸(p-coumaricacid),钾、钙、磷、硫、铁、铜、锰、硒等微量元素以及缬氨酸、蛋氨酸、异亮氨酸等人体必需氨基酸。

◆ 药理

具有强心、降血压、延缓衰老、增强免疫功能、促性腺样等作用。给每千克小鼠按 25 g 用量灌胃菟丝子水提取物,每天 1 次,连续 10 天,可以促进阴道上皮细胞角化、子宫重量增加。

◆ 用量

马、牛:15~45 g;猪、羊:5~15 g。

◆ 应用研究

续断、当归、熟地、香附、阳起石、淫羊藿、菟丝子、玄参组成添加剂,按每天 12 g添加于种公猪饲料中,能显著提高其精液量、精子密度、精子成活率,同时精子顶体异常率、精子的畸形率显著降低。

32. 马鞭草科 Verbenaceae

马鞭草

马鞭草为马鞭草科植物马鞭草(*Verbena officinialis* L.)的全草或带根全草。花盛期第 1 次采收,每年收割 2~3 次,洗净,切断,晒干。皖北见于颍上、阜南、临泉、利辛、界首、太和、涡阳、蒙城、亳州、灵璧、泗县。

◆ 形态特征

生活型:多年生草本。

株:高达 1.2 m。

茎:茎四棱,节及棱被硬毛。

叶:叶呈卵形、倒卵形或长圆状披针形,长为 2~8 cm,基生叶常具粗齿及缺刻,茎生叶多 3 深裂,裂片具不整齐锯齿,两面被硬毛。

花:花萼被硬毛;花冠呈淡紫或蓝色,被微毛,裂片 5。

果:穗状果序,小坚果长圆形。

图 2-67　马鞭草

◆ 生态习性

国内产地:主要产于秦岭以南各省及新疆地区。

国外分布:全世界的温带至热带地区均有分布。

生境:路边、山坡、溪边或林旁。

物候期:花期为 6～8 月,果期为 7～10 月。

◆ 性味、归经

苦,微寒。入肝、脾、膀胱经。

◆ 功效

养血催乳,活血散瘀,清热利水。

◆ 成分

含马鞭草苷(verbenalin,verbenaloside)、马鞭草异苷(hastatoside)、马鞭草新苷(verbascoside)、尤可沃苷(eukovoside)、桃叶珊瑚苷(aucubin)、艾黄素(artemetin)、熊果酸(ursolicacid)、羽扇豆醇(lupeol)、β-谷甾醇、腺苷和 β-胡萝卜素等。

◆ 药理

可持久地促进乳汁分泌,还具有抗菌、消炎、镇咳、促进血小板生成、止血、兴奋子宫平滑肌等作用。

◆ 用量

牛、马:60～120 g;猪、羊:15～30 g;犬、猫:5～10 g。

◆ 应用研究

(1) 马鞭草研为细粉,按 0.5%～1.0%的比例添加到奶牛精饲料中投喂,可显著提高牛奶乳脂率,增加奶产量,预防乳腺炎。

(2) 马鞭草 80 g,红糖为引,煎水喂服;或马鞭草 80 g,猪前蹄 1 只,炖烂喂服;防治母畜产后缺乳。

(3) 马鞭草 80 g、益母草 80 g、牛膝 30 g,红糖为引,煎水喂服,或鲜马鞭草 500 g、黄酒 250 mL,煎水喂服,用于治疗母畜产后腹痛。

(4) 马鞭草 120 g,煎水喂服,可治疗母畜不孕症。

33. 唇形科 Lamiaceae(Labiatae)

黄荆子

黄荆子为唇形科植物黄荆(*Vitex negundo* L.)的果实。生于向阳的山坡路旁、林边。主要分布于华东、河南、湖北、湖南、广东、广西、贵州、四川、安徽等地。秋季果实成熟后采收,晒干。

图 2-68　黄荆子和黄荆

◆ 形态特征

生活型:小乔木或灌木状。

枝:小枝密被灰白色绒毛。

叶:掌状复叶,小叶3～5片;小叶呈长圆状披针形或披针形,先端渐尖,基部呈楔形,全缘或具少数锯齿,下面密被绒毛。

花:聚伞圆锥花序长为10～27 cm,花序梗密被灰色绒毛;花萼呈钟状,具5齿;花冠呈淡紫色,被绒毛,5裂,二唇形;雄蕊伸出花冠。

果:核果近球形。

◆ 性味、归经

辛、苦,温。入肺、胃、肝经。

◆ 功效

祛风解表,化痰止咳,行气止痛。

◆ 成分

含对-羟基苯甲酸、5-氧异酞酸、3β-乙酰氧基-12 齐墩果酸-27-羧酸、2α,3α-二羟基-5,12-齐墩果二烯-28 羧酸、蒿黄素、葡萄糖等;种子油非皂化成分有 5β-氢-8,11,13-松香三烯 6α-醇、8.25-羊毛甾二烯-3β-醇、β-谷甾醇、正-三十三烷、正-三十一烷、正二十九烷等烷烃,脂肪酸成分有棕榈酸、油酸、亚油酸及硬脂酸等。

◆ 药理

黄荆子煎剂对豚鼠支气管平滑肌有扩张作用,对小鼠离体肺灌流有解除气管、支气管痉挛的作用。

◆ 用量

马、牛:90～150 g;猪、羊:15～60 g;犬:8～30 g。

◆ 应用研究

(1)炒黄荆子50%、地榆炭50%,共研为细末,按0.1%～0.2%的比例添加到宠物饲料中投喂,可使粪尿等排泄物臭味大为减轻。

(2)黄荆子(炒)450 g,何首乌250 g,黄芩150 g,大黄10 g,乌药200 g,苍术、枳壳、茴香各200 g,淮山药、陈皮各250 g,桂皮150 g,共研为细末,按0.5%添加到猪饲料中,可使其日增重提高18%。冬季应用更佳。

(3)黄荆子100 g,松针150 g,红藤30 g,骨碎补30 g,金樱子20 g,虎杖20 g,陈皮20 g,苦参15 g,共研为细末,按0.1%添加到牛、羊饲料中,对其有良好的壮膘增重效果。

泽兰

泽兰为唇形科植物毛叶地瓜儿苗(*Lycopus lucidus* Turcz. var. *hirtus* Regel)的干燥地上部分。夏、秋茎叶茂盛时采割,除去杂质,略洗,润透,切段,干燥。

◆ 形态特征

多年生草本,高40～100 cm。地下根茎横走,茎直立,方形,中空,表面绿色、紫红色或紫绿色,光滑无毛,仅在节处有毛丛,叶交互对生;披针形、狭披针形至广披针形,轮伞花序腋生,花小,小坚果扁平,长约 1 mm,暗褐色。生于上坡疏林处或林缘灌丛中。主要分布于黑龙江、吉林、辽宁、安徽、江苏、浙江、湖北、四川、山西等地。民间以茎叶入药,有利尿、行血散瘀、抑制流感病毒的功效。

图 2-69　毛叶地瓜儿苗与泽兰

◆ 性味、归经

苦、辛,微温。归肝、脾经。

◆ 功效

活血祛瘀,利水消肿。

◆ 成分

全草含挥发油和鞣质、葡萄糖苷和树脂,还含有黄酮苷、酚类、氨基酸、有机酸、皂苷、葡萄糖、半乳糖、泽兰糖、水苏糖、棉子糖、蔗糖、果糖。另含漆蜡酸、桦木酸、熊果酸、β-谷甾醇。

◆ 药理

对微循环障碍和异常血液流变学症状具有明显改善,轻微抗血栓,强心,防止术后腹腔粘连等作用。

◆ 用量

马、牛:15～45 g;羊、猪:10～15 g;兔、禽:0.5～1.5 g。

◆ 应用研究

(1) 泽兰水煎剂,对犬创伤性休克肠道细菌移位具有抑制作用。

(2) 家畜骨折痊愈后,关节僵硬,可用下述方法水洗:透骨草、伸筋草各 30 g,

泽兰叶、落得打、洋金花各 15 g,海桐皮 30 g,水煎温洗患部,每天 3～5 次。

丹参

丹参为唇形科植物丹参(*Salvia miltiorrhiza* Bunge.)的干燥根。全国大部分地区均产,其中河北、安徽、江苏、四川等地产量较大。秋季采挖,除去茎叶,洗净泥土,润透切片,晒干。生用或酒炒用。

图 2-70　丹参

◆ 形态特征

生活型:多年生草本。

株:高达 80 cm。

根:主根肉质,呈深红色。

茎:茎多分枝,密被长柔毛。

叶:奇数羽状复叶,小叶 3～7 片,呈卵形、椭圆状卵形或宽披针形,长为 1.5～8 cm,先端尖或渐尖,基部圆或偏斜,具圆齿,两面被柔毛,下面锁密;叶柄长为 1.3～7.5 cm,密被倒向长柔毛,小叶柄长为 0.2～1.4 cm。

花:轮伞花序具 6 至多花,组成长为 4.5～17 cm 总状花序,密被长柔毛或腺长柔毛苞片披针形;花梗长为 3～4 mm;花萼呈钟形,带紫色,长约为 1.1 cm,疏被长柔毛及腺长柔毛,具缘毛,内面中部密被白色长硬毛,上唇三角形,具 3 短尖头,下唇具 2 齿;花冠呈紫蓝色,长为 2~2.7 cm,被腺短柔毛,冠筒内具不完全柔毛环,基部径为 2 mm,喉部径达 8 mm,上唇长为 1.2~1.5 cm,呈镰形,下唇中裂片宽达 1 cm,先端 2 裂,裂片顶端具不整齐尖齿,侧裂片呈圆形;花丝长为 3.5~4 mm,药隔长为 1.7~2 cm;花柱伸出,小坚果呈椭圆形,长约为 3.2 mm。

◆ 性味、归经

苦,微温。入心、心包、肝经。

◆ 功效

活血化瘀,消肿排脓,养血安神。

◆ 成分

根及根茎含丹参醌 I、IIA、IB,隐丹参醌,异丹参醌 I、II,异隐丹参醌,丹参新酮,丹参酸甲酯,羟基丹参醌 IIA,二氢丹参醌 I,二氢异丹参醌 I,次甲丹参醌,丹参新醌 A、B、C、D,去甲丹参醌,丹参二醇 A、B、C,丹参烯酮,丹参内酯,丹参螺旋缩酮内酯,丹参酸 A、B、C,鼠尾草酚,黄芩苷,原儿茶醛,熊果酸,异阿魏酸,维生素 E 等。

◆ 药理

具有抗微生物、抗肿瘤作用,还有镇静、镇痛、增强机体免疫力、抗炎、保护肝损伤、抗溃疡作用;丹参注射液能使豚鼠活家兔离体心脏或麻醉犬的心率减慢,有一定抗心肌缺血、扩张血管、改善外周血流灌注、抗内外凝血系统和促进纤维蛋白溶解的作用;丹参注射液对犬急性出血坏死性胰腺炎、肺损伤、小鼠放射性及大鼠博莱霉素性损伤肺血管内皮细胞和肺 II 型上皮细胞有明显的保护作用;丹参酮除具有雌激素样活性外,还具有拮抗雄激素样作用。丹参能增加急性缺氧大鼠全血和红细胞 2,3-DPG 的含量,从而有利于红细胞的收缩蛋白对细胞的双凹稳定性、形态可塑性、耐久性和坚韧性的维持。

◆ 用量

马、牛:25~45 g;驼:30~60 g;猪、羊:6~10 g;犬、猫:3~5 g;兔、禽:0.5~1.5 g。

◆ 应用研究

(1)陈皮、丹参、茯苓、白术、茵陈各等份,共研末水煎,连渣混饲,30 日龄肉仔鸡每百羽每天饲喂 50 g,每天 1 次,防治肉仔鸡腹水症千余只,保护率达 100%,治愈率达 95% 以上。

(2)益母草、丹参、补骨脂各等份,共研为细末,开水冲焖半小时后冷却至常温拌料,每天每只鸡按 1 g 饲服,可使鸡产蛋增加。

荆芥

荆芥为唇形科植物裂叶荆芥[*Schizonepeta tenuifolia*(Benth.)Briq.]的地上部分。安徽太和、界首、亳州、萧县、淮北、灵璧、泗县有栽培,主要产于江苏、浙江、江西等地。秋季花、穗正绿时割取地上部分,晒干,茎穗同切短段,习称全荆芥;

若单用穗,则称荆芥穗。生用、炒用或炒炭用。

图 2-71　裂叶荆芥和荆芥

◆ 形态特征

生活型:多年生草本。

株:高达 1.5 m,被白色短柔毛。

叶:叶呈卵形或三角状心形,基部心形或平截,具粗齿。

花:聚伞圆锥花序顶生,花萼呈管状,花冠呈白色,下唇被紫色斑点,上唇先端微缺,下唇中裂片近圆形,具内弯粗齿,侧裂片圆。

果:小坚果呈三棱状卵球形,长约为 1.7 mm。

◆ 性味、归经

辛,温。入肺、肝经。

◆ 功效

发表祛风,止血,消疮。

◆ 成分

根中含蒽醌衍生物,如茜草素(alizarin)、异茜草素(purpuroxanthine)、大黄素甲醚(physcion)、去甲虎刺醛(nordamnacantal)、2-甲基-1,3,6-三羟基蒽醌、1,3-

二羟基-2-乙氧基甲基蒽醌、1,4-二羟基-2-甲基蒽醌、乌楠醌(tectoquinone)、1,2-二羟基蒽醌-2-O-3-D-木糖(1→6)-β-D 葡萄糖苷、1,3,6-三羟基-2-甲基蒽醌-3-O-(61-O-乙酰基)-a-鼠李糖基-(1→2)-β-葡萄糖苷、1,3-二羟基-2-羟甲基蒽醌-3-O-木糖基(1→6)-葡萄糖苷、异茜草素-3-O-β-D-葡萄糖苷等;含萘醌衍生物,如大叶茜草素(mollugin)、2-氨基甲酰基 3-甲氧基-1,4-萘醌、二氢大叶茜草素、茜草内酯(rubilactone)、21-甲氧基大叶茜草素等;还含具抗癌作用的茜草环己肽,如 RA-Ⅰ、Ⅱ、Ⅲ、Ⅳ、Ⅴ、Ⅵ、Ⅴ、Ⅰ、Ⅸ、Ⅹ、Ⅺ、Ⅹ等。

◆ 药理

具有止血、抗血小板聚集、升白细胞、镇咳祛痰、抗菌、抗肿瘤、抗心肌缺血以及抑制尿路结石形成等作用。

◆ 用量

马、牛:15~45 g;猪、羊:5~10 g;犬:3~5 g;兔、禽:1.5~3 g。

◆ 应用研究

(1) 荆芥、防风、茯苓、桔梗、党参、川芎、柴胡、前胡各 5 g,枳壳、羌活、独活各 3 g,甘草 2 g,生姜、薄荷为引,可预防兔流感。

(2) 桔梗 200 g、前胡 150 g、荆芥 150 g、紫菀 150 g、陈皮 150 g、百部 200 g、甘草 100 g、金银花 250 g、罗汉果 10 只、大青叶 200 g,研末混匀,每只鸡每次按 0.5~1 g 拌料饲喂。治疗:连喂 5 天;预防:每隔 5 天投药 1 次,共投药 5~8 次,可防治鸡败血支原体病、支气管炎等。

薄荷

薄荷为唇形科植物薄荷(*Mentha haplocalyx* Briq.)或家薄荷[*M. haplocalyx* Briq. var. *piperascens* (Malinvaud.) C. Y. Wuet H. W. Li.]的干燥茎叶。主要产于安徽、江苏、江西、浙江等地。收割季节因地而异,一般在初花时节割取,每年可采收 2~3 次,阴干,切段生用。

图 2-72　薄荷

续图 2-72　薄荷

◆ 形态特征

生活型:多年生草本。

株:高达 60～100 cm。

茎:茎多分枝,上部被微柔毛,下部沿棱被微柔毛;具根茎。

叶:叶呈卵状披针形或长圆形,长为 3～7 cm,先端尖,基部呈楔形或圆,基部以上疏生粗牙齿状锯齿,两面被微柔毛;叶柄长为 0.2～1 cm。

花:轮伞花序腋生,呈球形,径约为 1.8 cm,花梗长不及 3 mm;花梗细,长为 2.5 mm;花萼呈管状钟形,长约为 2.5 mm,被微柔毛及腺点,10 脉不明显,萼齿呈窄三角状钻形;花冠淡紫或白色,长约为 4 mm,稍被微柔毛,上裂片 2 裂,余 3 裂片近等大,呈长圆形,先端钝;雄蕊长约为 5 mm。

果:小坚果呈黄褐色,被洼点。

◆ 性味、归经

辛,凉。入肺、肝经。

◆ 功效

疏散风热,理气消食。

◆ 成分

每 100 g 嫩茎叶含胡萝卜素 1.44 mg、核黄素 0.09 mg、抗坏血酸 46 mg。每克干品含钾 31.2 mg、钠 0.45 mg、钙 10.5 mg、镁 4.74 mg、磷 2.83 mg、铁 156 μg、锰 52 μg、锌 38 μg、铜 12 μg。新鲜叶含挥发油 0.8%～1%,干茎叶含 1.3%～2%。油的主成分为薄荷醇(menthol),占 77%～78%,其次为薄荷酮(menthone),占 8%～12%。还含乙酸薄荷酯(menthylacetate)约 3%、樟烯(camphene)、柠檬烯(limonene)、异薄荷酮(isomenthone)、蒎烯、薄荷烯酮(menthenone)、树脂及少量鞣质、迷迭香酸(rosmarinicacid)、咖啡酸、木犀草素-7-葡萄糖苷(luteolin-7-glucoside)以及苏氨酸(theronine)、丙氨酸、谷氨酸、天冬酰胺

（asparamide）等多种游离氨基酸。

◆ 药理

薄荷具有发汗解热作用；薄荷挥发油局部应用时，作用于皮肤或黏膜的神经末梢的冷觉感受器，使其发生冷觉反射，导致皮肤、黏膜的微血管收缩；对胃肠平滑肌具有解痉、促进皮肤渗透作用。薄荷对流感有一定防治作用；有抗炎作用，对皮肤损害有明显的保护作用；还具有促进呼吸道腺体分泌、持续性利胆作用。薄荷油具有终止早孕和抗着床作用；薄荷叶石油醚提取物可使小鼠精子数明显下降，睾丸与附睾的重量显著降低，输精管直径减少。此外，还具有健胃、防腐及温和的麻醉作用。10 mg/mL 薄荷煎剂抑制单纯疱疹病毒感染乳兔肾上皮细胞培养，5%薄荷煎剂对孤儿病毒有抑制作用。

◆ 用量

马、牛：15～45 g；猪、羊：5～10 g；犬：3～5 g；兔、禽：0.5～1.5 g。

◆ 应用研究

（1）辛夷、防风、薄荷各 60 g，陈皮、白芷、桔梗各 5 g，藿香、荆芥各 10 g，茯苓、黄芩各 12 g，苍耳子 9 g，煎汤混饮，能防治鸡慢性呼吸道病。

（2）连翘、黄连、黄芩、玄参、桔梗、板蓝根、薄荷、柴胡、升麻、陈皮、大黄、甘草各等份，共研为细末，成鸡每天 3 g 混饲，连用 4～5 天，对治疗鸡的传染性喉气管炎有确切疗效。

紫苏叶和紫苏梗

中药紫苏叶和紫苏梗为唇形科植物紫苏［*Perilla frutescens*（L.）Britt.］及其变种的叶、茎。全国各地均产。7～9 月采收地上部分，倒挂通风处阴干，切段入药。发表散寒多用苏叶，行气宽中、安胎等多用苏梗。

◆ 形态特征

生活型：直立草本。

株：高达 2 m。

茎：呈茎绿或紫色，密被长柔毛。

叶：叶呈宽卵形或圆形，长为 7～13 cm，先端尖或骤尖，基部呈圆或宽楔形，具粗锯齿，上面被柔毛，下面被平伏长柔毛；叶柄长为 3～5 cm，被长柔毛。

花：轮伞总状花序密被长柔毛；苞片呈宽卵形或近圆形，长约为 4 mm，具短尖，被红褐色腺点，无毛；花梗长约为 1.5 mm，密被柔毛；花萼长约为 3 mm，直伸，下部被长柔毛及黄色腺点，下唇较上唇稍长；花冠长为 3～4 mm，稍被微柔毛，冠筒长为 2～2.5 mm。

果：小坚果呈灰褐色，近球形，径约为 1.5 mm。

图 2-73 紫苏和紫苏梗

◆ 性味、归经

辛，温。入肺、脾经。

◆ 功效

发表散寒，行气宽中，理气安胎。

◆ 成分

叶含挥发油，主要有紫苏醛、柠檬烯、β-丁香烯、α-香柑油烯、芳樟醇等；还含紫苏醇 β-D-吡喃葡萄糖苷，紫苏苷 B、C，1,2-亚甲二氧基-4-甲氧基-5-烯丙基-3-苯基-β-D-吡喃葡萄糖苷。

◆ 药理

苏叶具有镇静、解热、抑制兴奋传导、止咳祛痰平喘、止血、抗凝血、升高血糖、抗微生物、免疫调节作用；紫苏能促进消化液分泌、增强胃肠蠕动，对腺苷酸环化酶有轻度抑制作用，对放射性皮肤损害有保护作用，苏叶提取物有显著抗氧化作用；苏梗有孕激素样、诱生干扰素作用。紫苏中多种成分，如石竹烯，对豚鼠离体气管有松弛作用，对丙烯醛或枸橼酸引起的咳嗽亦有明显的镇咳作用，小鼠酚红试验呈阳性，表明紫苏有较好的平喘、镇咳和祛痰作用。

◆ 用量

马、牛:15～45 g;驼:25～80 g;猪、羊:5～15 g;犬:3～8 g;兔、禽:1.5～3 g。

◆ 应用研究

(1)生姜 40 g、葱白 100 g、紫苏 25 g,水煎,加红糖 75 g,候温灌服,每天 1 剂,连服 2 剂,治疗猪感冒。

(2)莱菔子 50 g、苏子 20 g、杏仁 20 g、葶苈子 20 g,共研为细末,混饲,每天 1～2 次,用于治疗猪寒热往来、气喘咳嗽。

(3)紫苏、枇杷叶、桑白皮、杏仁、贝母、款冬花、葶苈子、苍术、羌活、桂枝、牙皂、薄荷、麦冬、甘草各等份,水煎,蜂蜜为引,灌服,可治疗牛咳嗽、呼吸促迫。

益母草

益母草为唇形科植物益母草(*Leonuru sheterophyllus* Sweet)的全草。全国各地均有种植。通常在 5～6 月花期采收,割取全草,晒干。生用。

图 2-74 益母草

◆ 形态特征

生活型:1 年生或 2 年生草本。

茎:茎直立,通常高达 30～120 cm,钝四棱形,微具槽,有倒向糙伏毛,在节及棱上尤为密集,在基部有时近于无毛,多分枝,或仅于茎中部以上有能育的小枝条。

花:叶轮廓变化很大,茎下部叶轮廓为卵形,基部呈宽楔形,掌状 3 裂,裂片呈长圆状菱形至卵圆形,通常长为 2.5～6 cm,宽为 1.5～4 cm,裂片上再分裂,上面呈绿色,有糙伏毛,叶脉稍下陷,下面呈淡绿色,被疏柔毛及腺点,叶脉突出,叶柄纤细,长为 2～3 cm,由于叶基下延而在上部略具翅,腹面具槽,背面圆形,被糙伏毛;茎中部叶轮廓为菱形,较小,通常分裂成 3 个或偶有多个长圆状线形的裂片,基部呈狭楔形,叶柄长为 0.5～2 cm;花序最上部的苞叶近于无柄,呈线形或线状披针形,长为 3～12 cm,宽为 2～8 mm,全缘或具稀少牙齿;轮伞花序腋生,具 8～15 花。

果:小坚果呈长圆状三棱形,长 2.5 mm,顶端截平而略宽大,基部呈楔形,淡褐色,光滑。

◆ 性味、归经

辛、苦,微寒。入肝、心、膀胱经。

◆ 功效

活血化瘀,利尿消肿。

◆ 成分

益母草含生物碱,其含量随开花时间而异,初期含微量,7～8 月开花期达 0.01%～0.03%,最高可达 0.04%;还含有水苏碱(stachydirine)、益母草定、益母宁等多种生碱、苯甲酸、月桂酸、油酸、亚麻酸、延胡索酸、甾醇、芸香苷等。

◆ 药理

益母草煎剂、乙醇浸膏对兔、猫、犬、豚鼠等多种动物的子宫均有兴奋作用,对兔子宫无论离体、在位未孕、早孕、晚期妊娠或产后子宫,均呈兴奋作用。还具有抗血小板聚集、抗凝血、兴奋呼吸中枢作用;对缺血性肾衰竭模型的尿素氮及滤过钠排泄分数均有显著下降作用;能够直接扩张外周血管,促进微动脉血流迅速恢复,对实验性心肌缺血有保护作用,可使豚鼠、麻醉狗心脏冠脉流量增加,心率减少。

◆ 用量

马、牛:30～60 g;猪、羊:9～20 g;犬:5～10 g;兔、禽:1.5～2.5 g。

◆ 应用研究

(1)鲜益母草 200 g,捣烂,拌料喂服,不仅可治疗母畜产后恶露不尽,对产后乳汁不足也有良好效果。母牛产后排乳管闭塞、数天不排乳时,可用益母草 50 g、当归 30 g、红花 15 g、穿山甲 15 g,水煎内服,每天 1 剂,连用 2～3 剂即可见效。

（2）日粮中添加 2%～3% 的益母草，可使母猪产后乳汁分泌增多，仔猪增重加快。每天给产后母猪服益母草粉 100 g，连服 10 天，第 3 天见效，10 天后奶汁充盈。母猪产后乳汁不足，可用下面两种方法增乳：① 益母草 25 g、王不留行 10 g、通草 9 g、穿山甲 6 g，水煎拌料饲喂；② 益母草、王不留行、荆三棱各 30 g，杜红花 2 g、木通 7 g、赤芍 7 g，煎成 2000 mL 水剂，每次拌料服 500 mL，每天服 2 次，连服 3～4 天。

（3）益母草 250 g，制熟地 200 g，酒当归 100 g，山萸肉 80 g，粉丹皮、山楂、麦芽、神曲各 50 g，陈皮 40 g，混合粉碎，每天按 25 g 掺入每只动物饲草饲料中，隔天 1 次，用于治疗母畜体质瘦弱、不发情。

黄芩

黄芩为唇形科植物黄芩（*Scutellaria baicalensis* Georgi.）的干燥根。主要产于河北、山西、内蒙古、山东、河南等地，亳州药圃有栽培。春、秋采挖，除去泥土、茎叶、须根及粗皮，晒干切片入药，生用或酒炒用。

图 2-75　黄芩

◆ 形态特征

生活型：多年生草本。

株：高达 1.2 m。

茎:茎分枝,近无毛,或被向上至开展微柔毛;根茎肉质,径达 2 cm,分枝。

叶:叶呈披针形或线状披针形,长为 1.5～4.5 cm,先端钝,基部圆,全缘,两面无毛或疏被微柔毛,下面密被凹腺点;叶柄长约为 2 mm,被微柔毛。

花:总状花序长为 7～15 cm;下部苞叶呈叶状,上部呈卵状披针形或披针形;花梗长约为 3 mm,被微柔毛;花萼长为 4 mm,密被微柔毛,具缘毛,盾片高为 1.5 mm;花冠呈紫红或蓝色,密被腺柔毛,冠筒近基部膝曲,喉部径达 6 mm,下唇中裂片呈三角状卵形。

果:小坚果呈黑褐色,卵球形,长为 1.5 mm,被瘤点,腹面近基部具脐状突起。

◆ 性味、归经

苦,寒。入肺、胆、大肠经。

◆ 功效

安胎止血,清热燥湿,清肺泻火,清热解毒。

◆ 成分

含黄芩素、黄芩新素、黄芩苷、汉黄芩素、木蝴蝶素、二氢木蝴蝶素 A、白杨素、汉黄芩素-5-β-D 葡萄糖苷、5,8-二羟基-6,7-二甲氧基黄酮、去甲汉黄芩素、二氢黄芩素、圣草素、半支莲种素、甘黄芩苷元、黄芩苷甲酯、汉黄芩素-7-葡萄糖苷酸、菜油甾醇、豆甾醇等。

◆ 药理

具有抗微生物、抗变态反应、降压、镇静、利胆、保肝、解痉、利尿等作用。

◆ 用量

马、牛:15～45 g;猪、羊:6～10 g;犬:3～5 g;兔、禽:1.5～2.5 g。

◆ 应用研究

(1) 黄芩、益母草、干姜、白芍、红花等可制成保孕良药,在母牛产后第 40 天灌服 250 g,发现试验组受胎率比对照组提高 22.2%,并可治疗排卵障碍和隐性子宫内膜炎,缩短母牛空怀时间。

(2) 黄芩、酸枣仁、远志制成添加剂,在蛋鸡饲料中添加 1.5%,喂服,产蛋率可提高 5.61%。

藿香

藿香为唇形科植物藿香[*Agastache rugosa*(Fisch. et Mey.)O. Ktze.]或广藿香[*Pogostemon cablin*(Blanco)Benth.]的地上干燥茎叶。全国各地均产。初秋连根拔起,扎成把,晒干切断。鲜用或生用。

◆ 形态特征

生活型:多年生草本,高达 1.5 m,径达 7～8 mm。

株:高达 1.5 m,径达 7～8 mm。

图 2-76　藿香

茎:茎上部被细柔毛,分枝,下部无毛。

叶:叶呈心状卵形或长圆状披针形,长为 4.5～11 cm,先端尾尖,基部呈心形,稀平截,具粗齿,上面近无毛,下面被微柔毛及腺点;叶柄长为 1.5～3.5 cm。

花:穗状花序密集,长为 2.5～12 cm;苞叶披针状线形,长不及 5 mm;花萼稍带淡紫或紫红色,呈管状倒锥形,长约为 6 mm,被腺微柔毛及黄色腺点,喉部微斜,萼齿三角状披针形;花冠呈淡紫蓝色,被微柔毛,冠筒基径约为 1.2 mm,喉部径约为 3 mm,上唇先端微缺,下唇中裂片长约为 2 mm,边缘呈波状,侧裂片呈半圆形。

果:小坚果呈褐色,卵球状长圆形,长为 1.8 mm,腹面具棱,顶端被微硬毛。

◆ 性味、归经

辛,微温。入脾、胃、肺经。

◆ 功效

祛暑解表,化湿和胃。

◆ 成分

广藿香含挥发油约 1.5%,主要成分广藿香醇占 52%～57%,其他成分有苯甲醛、丁香油酚、桂皮醛等。藿香含挥发油约 0.28%，主要为甲基胡椒酚，并含茴香醚等。

◆ 药理

具有抗菌、钙拮抗作用；另外，藿香的挥发油可抑制胃肠道的过激蠕动，促进胃液分泌。0.02 mg/mL 水煎液对藤黄八叠球菌、金黄色葡萄球菌、大肠杆菌、沙门氏菌、枯草杆菌、短小芽孢杆菌、痢疾杆菌及铜绿假单胞杆菌均有抑制作用。

◆ 用量

马、牛：25～45 g；猪、羊：6～10 g；犬：3～5 g；兔、禽：1～2 g。

◆ 应用研究

（1）藿香 90 g、紫苏 30 g、白芷 30 g、大腹皮 30 g、茯苓 30 g、白术 60 g、半夏曲 60 g、厚朴(姜汁炙)60 g、桔梗 60 g、炙甘草 75 g，共研为细末，生姜、大枣煎水冲调，候温灌服，或水煎灌服，治疗家畜急性胃肠炎。

（2）藿香 10%、雄黄 10%、白头翁 10%、黄柏 10%、滑石 10%、马尾莲 15%、诃子 15% 和马齿苋 20% 配制的"鸡痢灵"，以 1.5% 拌料预防鸡白痢，保护率达 99%，以 2%～4% 拌料治疗鸡白痢，治愈率达 98%。

（3）藿香 30 g、板蓝根 80 g、黄连 30 g、大黄 30 g、苍术 60 g、黄芩 30 g、乌梅 60 g、厚朴 60 g、黄柏 30 g，共研为细末，按 2% 混于饲料中饲喂，可用于治疗鸡、鸭、鹅的霍乱。

34. 茄科 Solanaceae

枸杞子

枸杞子为茄科植物宁夏枸杞（*Lycium barbarum* L.）或枸杞（*L. chinense* Mill.）的成熟干燥果实。主要产于宁夏、甘肃、河北、安徽等地。夏至前后，果实成熟时采摘，晾晒干燥。生用。

◆ 形态特征

生活型：多分枝灌木。

株：高达 1～2 m。

枝：枝条细弱，弯曲或俯垂，呈淡灰色，具纵纹，小枝顶端成棘刺状，短枝顶端棘刺长达 2 cm。

叶：叶呈卵形、卵状菱形、长椭圆形或卵状披针形，长为 1.5～5 cm，先端尖，基部呈楔形，栽培植株之叶长达 10 cm 以上，叶柄长达 0.4～1 cm。

花：花在长枝 1～2 腋生，花梗长为 1～2 cm，花萼长为 3～4 mm，常 3 中裂或 4～5 齿裂，具缘毛；花冠呈漏斗状，淡紫色，冠筒向上骤宽，较冠檐裂片稍短或近等长，5 深裂，裂片卵形，平展或稍反曲，具缘毛，基部耳片显著；雄蕊稍短于花冠，花丝近基部密被一圈绒毛并成椭圆状毛丛,与毛丛等高处花冠筒内壁密被一环绒毛花柱稍长于雄蕊。

果:浆果呈卵圆形,红色,长为0.7～1.5 cm,栽培类型为长圆形或长椭圆形,长达2.2 cm。

种子:种子呈扁肾形,长为2.5～3 mm,黄色。

图 2-77　枸杞子和枸杞

◆ 性味、归经

甘,平。入肝、肾经。

◆ 功效

养阴补血,益精明目。

◆ 成分

含枸杞多糖、枸杞子糖蛋白、甜菜碱、阿托品、天仙子胺、东莨菪素、胡萝卜素、硫胺素、核黄素、烟酸、抗坏血酸等多种维生素及苏氨酸、缬氨酸等多种氨基酸,还含牛磺酸等。

◆ 药理

具有增强机体免疫力、抗肿瘤、降血脂及保肝、降血糖、抗氧化、降血压、促进造血功能等作用。枸杞多糖对二氨基芴在TA_{100}菌株的致突变作用有明显的抑制,对丝裂霉素诱发的人淋巴细胞姐妹染色单位互换也有抑制作用,对体外培养的滋养层细胞具有营养和保护作用。老年人服用枸杞子也有抗丝裂霉素诱发姐妹染色单位互换作用,可提高DNA损伤后的修复能力。

◆ 用量

马、牛:30~60 g;猪、羊:10~15 g;犬:5~8 g。

◆ 应用研究

(1)在鸡饲料中加入2%~3%的枸杞子粉,可使肉鸡饲料利用率提高5%~8%,日增重提高7%~10%,使鸡体毛色光泽,肌肉丰满,使蛋鸡产蛋率提高10%~20%。同时还能增加抗病能力,降低死亡率,使雏鸡成活率提高10%。

(2)熟地10 g、当归10 g、山药10 g、枸杞子10 g、仙鹤草20 g、五加皮10 g组成添加剂,每只蛋鸡每天添加0.5 g添加剂,有延缓脱羽作用。

(3)枸杞、五味子各50 g,巴戟40 g,覆盆子40 g,淫羊藿25 g,山萸肉20 g,熟地、补骨脂、益智仁、麦冬、肉苁蓉、白附子、生地、丹皮、胡芦巴、泽泻、云苓、山药各15 g,共研为细末,开水冲服,公马每天1剂,连用3~5剂,能治疗阳痿症。

辣椒

辣椒为茄科植物辣椒(*Copsicum annuum* L.)的果实。我国南北各地普遍栽培。果实变红色时采摘。鲜用或晒干。

图 2-78 辣椒

◆ 形态特征

生活型:一年生草本或灌木状。

株:高达80 cm。

茎:茎近无毛或被微柔毛,分枝稍之字形折曲。

叶:叶呈长圆状卵形、卵形或卵状披针形,长为4~13 cm,全缘,先端短渐尖或尖,基部呈窄楔形;叶柄长为4~7 cm。

花:花单生或数朵簇生,俯垂;花萼呈杯状,齿不显著;花冠呈白色,长约为1 cm,裂片呈卵形;花药呈灰紫色。

果:果柄较粗,俯垂;果形多变异,长达15 cm,成熟前呈绿色,成熟后呈红色、橙色或紫红色,味辣。

种子:种子呈扁肾形,长为3~5 mm,呈淡黄色。

◆ 性味、归经

辛,热,有小毒。入胃、大肠经。

◆ 功效

温中止痛,消食和胃。

◆ 成分

含辛辣成分辣椒碱(约69%)、二氢辣椒碱(约22%)、降二氢辣椒碱(约7%)、高辣椒碱(约1%)、高二氢辣椒碱(1%)、辛酰香草胺、隐黄质、辣椒红素、胡萝卜素、枸橼酸、酒石酸等。种子含辣椒酰胺、辣椒苷、辣椒新苷、棕榈酸、组胺酸、苏氨酸、葡萄糖胺等。种子内胚乳和胚芽含茄碱、茄胺等。

◆ 药理

具有抗菌、杀虫作用;辣椒的轻微刺激对大鼠胃黏膜具有适应性细胞保护作用;辣椒碱还可促进利血平对大鼠的致溃疡作用;静注辣椒碱可引起麻醉猫、犬短暂血压下降、心跳变慢及呼吸困难;辣椒地上部分的水煎剂对离体大鼠子宫有兴奋作用;辣椒碱还有镇痛作用。

◆ 用量

马、牛:15~30 g;猪、羊:6~15 g;犬:5~8 g。

◆ 应用研究

(1) 在生长育肥猪日粮中添加0.1%的辣椒粉,日增重可提高14.5%,饲料利用率提高12.65%;添加0.2%的辣椒粉,猪可提高增重9%,提高饲料利用率5.6%;添加1%的辣椒粉,可增强猪的食欲。在仔猪日粮中添加0.1%的辣椒粉,仔猪日增重可提高7.75%,料重比降低4.56%。

(2) 在40~50日龄生长獭兔日粮中添加7.5%的辣椒粉,獭兔可提高增重45.01%,饲料利用率提高23.5%,但对母兔泌乳量和乳汁味道会产生不良影响;在肉兔的日粮中添加1%的辣椒粉和0.5%的辣椒粉,肉兔可分别提高增重21%和8%,提高饲料利用率8%和7%;仔兔日粮添加10.5%的辣椒粉,连喂30天,提高仔兔增重32.5%,兔毛光泽发亮,膘情好,抗病能力强,成活率提高。

(3) 大蒜粉与辣椒粉1:1混合,在蛋鸡的日粮中添加1%,可提高产蛋率5.38%,提高饲料利用率5.05%。

(4) 在星杂579商品代公鸡日粮中添加0.2%的莫合烟和0.1%的红辣椒,公鸡可提高增重 26.3%,饲料利用率提高 18.4%;在依莎褐公鸡日粮中添加 0.2%的莫合烟和 0.3%的红辣椒粉,公鸡可提高增重 6.81%,饲料利用率提高 12.87%。

(5) 在肉鸡饲料中添加 0.3%、0.5%的辣椒粉,肉鸡分别提高增重 3.60% 和 4.03%,对提高饲料转化率也有作用,但效果不显著。

(6) 将红辣椒粉以 0.15%的比例添加到蛋鸡饲料中去,可使蛋鸡淘汰死亡率下降 42.6%,产蛋率提高 10%。

(7) 雏鸡添加饲喂 3%的红辣椒粉,连喂 28 天,雏鸡可提高增重 32.5%;蛋鸡添加 5%～6%的红辣椒粉,连喂 30 天,产蛋率提高 5.9%。

35. 玄参科 Scrophulariaceae

玄参

玄参为玄参科植物玄参(*Scrophularia ningpoensis* Hemsl.)或北玄参(*S. buergeriana* Miq.)的干燥根。植物玄参主要产于长江流域和贵州、福建等地,在浙江有大量栽培,皖北栽培 1 种,亳州栽培;北玄参主要产于东北、华北和华东地区。立冬前后采挖,除去茎叶,反复曝晒,至内部色黑干燥,切片,生用。

图 2-79　玄参

◆ 形态特征

生活型:高大草本,可超过 1 m。

株:可超过 1 m。

根:支根数条,呈纺锤形或胡萝卜状膨大,粗约为 3 cm 以上。

茎:茎呈四棱形,有浅槽。

叶:叶在茎下部多对生而具柄,上部的有时互生而柄极短,柄长者达 4.5 cm;叶形多变,多为卵形,有时上部为卵状披针形或披针形,基部呈楔形、圆或近心形,边缘具细锯齿,稀为不规则的细重锯齿,长为 8～30 cm。

花:花序由顶生和腋生的聚伞圆锥花序合成大型圆锥花序,长达 50 cm,在较小的植株中,仅有顶生聚伞圆锥花序,长不及 10 cm,聚伞花序常 2～4 回复出;花梗长为 0.3～3 cm,有腺毛;花萼长为 2～3 mm,裂片呈圆形,边缘稍膜质;花冠呈褐紫色,长为 8～9 mm,上唇长于下唇约为 2.5 mm,裂片呈圆形,边缘相互重叠,下唇裂片多少卵形,中裂片稍短;雄蕊短于下唇,花丝肥厚,退化雄蕊大而近圆形;花柱长约为 3 mm。

果:蒴果呈卵圆形,连同短喙长为 8～9 mm。

◆ 性味、归经

甘、苦、咸,寒。入肺、胃、肾经。

◆ 功效

清热养阴,解毒散结。

◆ 成分

含玄参素(scrophularin)和单萜苷类(iridioid)成分,其中哈巴背(harpago-side)占 70%～80%、8-(邻-甲基对-豆酰)哈巴素占 20%～30%;还含挥发油、甾醇、挥发性生物碱、1-天冬酰胺、糖类和脂肪酸,丰富的铁、铜、锌、硒、钴、锰等微量元素。

◆ 药理

不仅可补充营养,刺激造血功能,扩张外周血管,增强心肌收缩力,还具有镇静、镇痛、抗炎、抗菌和保护消化道黏膜等作用。

◆ 用量

马、牛:30～60 g;猪、羊:10～15 g;犬、猫:5～8 g;家禽:1～3 g。

◆ 应用研究

(1) 促进产蛋。将本品研为细末,以 0.5%～1.0%添加到蛋鸡饲料中投喂,可大幅度提高产蛋率。

(2) 治母禽产蛋率下降。玄参、胡麻仁、火麻仁,等份研为细末,以 0.5%～1.0%添加到蛋鸡饲料中投喂,可有效防治母禽产蛋率下降。

(3) 治动物便秘。玄参 60 g,生地 50 g,麦冬 40 g,水煎内服,对各种动物血虚、阴虚便秘有良好效果。

泡桐叶

泡桐叶为玄参科植物泡桐［*Paulownia fortunei*（seem）Hemsl.］或毛泡桐［*Paulownia tomentosa*（Thunb.）Steud.］的叶。主要产于东北、华北、中南及西南等地。皖北颍上、阜南、临泉、阜阳、利辛、太和、界首、亳州、涡阳、蒙城、灵璧、泗县栽培。夏、秋采集，鲜用或晒干，粉碎、拌料混饲。

图 2-80　泡桐和泡桐叶

◆ 形态特征

生活型：乔木。

株：高达 20 m，树冠宽大呈伞形，树皮呈褐灰色。

枝：小枝有明显皮孔，幼时常具黏质短腺毛。

叶：叶呈心形，长达 40 cm，先端锐尖，基部呈心形，全缘或波状浅裂，上面毛稀疏；下面毛密或较疏，老叶下面灰褐色树枝状毛常具柄和 3～12 条细长丝状分枝，新枝上的叶较大，其毛常不分枝，有时具黏质腺毛；叶柄常有黏质短腺毛。

花：花萼呈浅钟形，长约为 1.5 cm，外面绒毛不脱落，分裂至中部或裂过中部，萼齿呈卵状长圆形，在花期锐尖或稍钝至果期钝头；花冠呈紫色，漏斗状钟形，长为 5～7.5 cm，在离管基部约为 5 mm 处弓曲，向上突然膨大，外面有腺毛，内面几无毛,檐部二唇形,径约为 4.5 cm;雄蕊长达 2.5 cm;子房呈卵圆形,有腺毛,花柱短于雄蕊。

果:蒴果呈卵圆形,幼时密生黏质腺毛,长为 3～4.5 cm,宿萼不反卷,果皮厚约为 1 mm。

种子:种子连翅长为 2.5～4 mm。

◆ 性味、归经

苦,寒。

◆ 功效

补充营养,清热解毒。

◆ 成分

泡桐叶的干物质中含粗蛋白 19.33%、粗脂肪 5.82%、粗纤维 11.11%、无氮浸出物 54.83%、钙 1.93%、磷 0.21%、硒 0.17 mg/kg、铜 14.17 mg/kg、锌 25.76 mg/kg、锰 108.68 mg/kg、铁 416.80 mg/kg、钴 12.10 mg/kg。毛泡桐叶含熊果酸、糖苷及多酚类。

◆ 药理

泡桐叶与山楂酸之合剂能扩张冠状血管,治疗冠脉循环及心功能不足。也有报道称,其对冠状血管并无特异作用,而是由于其不溶于水,因而静脉注射后在体内形成小颗粒,伤害了肺脏,引起机体的各种反应。

◆ 用量

马、牛:60～120 g;猪、羊:30～60 g。

◆ 应用研究

(1) 在育肥猪日粮中添加 15%～25% 的泡桐叶,可提高增重 15%～30%,提高饲料转化率 10% 以上。在断奶仔猪日粮中添加 10%,可提高增重 25%。

(2) 在蛋鸡的日粮中添加 3% 的泡桐叶,可提高产蛋率 7.25%。在雏鸡日粮中添加 3% 的桐叶粉,可提高增重 5%～10%。

(3) 用泡桐叶喂牛羊,可占饲粮的 40%～60%,也可制成叶粉和其他饲料一起用水拌湿饲喂,育肥效果明显。

(4) 泡桐叶 300 g、松针 300 g、何首乌 100 g、贯众 100 g、麦芽 200 g、山楂 200 g、陈皮 100 g、建曲 200 g、白芍 200 g、黄芪 200 g、大青叶 200 g,共研为细末,在猪饲料中添加 10%,可抗病增重。

熟地黄

熟地黄为玄参科植物地黄[*Rehmannia glutinosa*(Gaertn.)Libasch.]或怀庆地黄[*R.gluuinosa* Li-bosch.f.hueichingensis(ChaoetSchih)Hsiao.]的根茎,经加工炮制而成。将洗净的干地黄,加黄酒拌匀,置罐内或适宜的容器内,隔水炖

或蒸至酒尽黑润为度,取出晒至稍干切片。皖北产1种,阜阳、亳州、萧县、宿州、泗县、怀远可见,生于山坡、路旁、村落墙根,也见栽培。分布于江苏、浙江、湖北、山东、河南、山西、甘肃、河北、内蒙古及辽宁等省区。

◆ 形态特征

株:植株高达30 cm,密被灰白色长柔毛和腺毛。

图 2-81 熟地黄与植物地黄

根:根茎肉质,鲜时呈黄色,在栽培条件下,径达5.5 cm。

茎:根茎肉质,鲜时呈黄色,在栽培条件下,径达5.5 cm;茎呈紫红色。

叶:叶通常在茎基部集成莲座状,向上则强烈缩小成苞片,或逐渐缩小而在茎上互生;叶呈卵形或长椭圆形,上面呈绿色,下面稍带紫色或紫红色,长为2～13 cm,边缘具不规则圆齿或钝锯齿至牙齿;基部渐窄成柄。

花:花序上升或弯曲,在茎顶部略排成总状花序,或全部单生叶腋;花梗长为0.5～3 cm,花萼长为1～1.5 cm,密被长柔毛和白色长毛,具10条隆起的脉,萼齿5,呈长圆状披针形、卵状披针形或多个三角形,长为0.5～0.6 cm,稀前方2枚开裂而使萼齿达7枚之多;花冠长为3～4.5 cm,花冠筒多少弓曲,外面呈紫红色,被长柔毛,裂片5,先端钝或微凹,内面呈黄紫色,外面呈紫红色,两面均被长柔毛,长为5～7 mm;雄蕊4,药室呈长圆形,基部叉开;子房幼时2室,老时因隔膜撕裂而成1室,无毛,花柱顶部扩大成2枚片状柱头。

果:蒴果呈卵圆形或长卵圆形,长为1～1.5 cm。

◆ 性味、归经

甘,微温。入心、肝、肾经。

◆ 功效

补血,滋阴。

◆ 成分

根含地黄紫罗兰苷A、B、C,地黄苦苷,地黄素A、B、C、D,洋丁香酚苷,梓醇,益母草苷,地黄苷D,焦地黄苷A、B,含糖类(D-葡萄糖、D半乳糖、D-果糖、蔗糖、棉子糖、水糖、甘露三糖、毛蕊花糖)、氨基酸(赖氨酸、组氨酸、精氨酸等)、酸性多糖(地黄聚糖 SA、SB、FS-I、FS-II)、地黄多糖 b，棕榈酸，琥珀酸，胡萝卜碱等。

◆ 药理

具有增强机体免疫力、减少冠脉流量的作用，对内分泌也有一定影响。

◆ 用量

马、牛：30～60 g；猪、羊：10～15 g；犬：5～8 g。

◆ 应用研究

(1) 当归、川芎、熟地、管桂、茴香、杜仲(炒)、元参、阳起石各 30 g，共研为细末，掺入饲料内喂服，或煎水，黄酒为引，用于治疗母猪不孕。

(2) 当归 15 g、川芎 10 g、熟地 15 g、杭白芍 10 g、淫羊藿 20 g、阳起石 15 g、肉桂 10 g、黄芪 30 g、山药 30 g、陈皮 10 g、益母草 30 g、甘草 10 g 组成"催情散"，共研为细末，掺入饲料中 1 次喂服，可治疗母猪产后不发情。

(3) 熟地、淫羊藿、锁阳各 90 g，补骨脂、菟丝子、肉苁蓉、五味子、山药、覆盆子、川断各 80 g，肉桂、车前子、阳起石、巴戟各 35 g，混合研末，每头公猪每次按 60～120 g 拌料喂服，连用 3～5 天，用于公猪催情。

(4) 枸杞 50 g、巴戟 40 g、覆盆子 40 g、淫羊藿 25 g、山萸肉 20 g，熟地、补骨脂、益智仁、麦冬、五味子、肉苁蓉、白附子、生地、丹皮、胡芦巴、泽泻、云苓、山药各 15 g，共研为细末，开水冲服，每天 1 剂，连用 3～5 剂，治疗公马阳痿。

36. 爵床科 Acanthaceae

穿心莲

穿心莲为爵床科植物穿心莲[*Andrograp hispaniculata*（Burm. f.）Nees.]的全草或叶。开花前采收，叶内穿心莲总内酯含量最高。采收后洗净，切段，晒干。我国浙江、江西、福建、江苏、广东、广西、安徽等地有栽培。皖北栽培 1 种，临泉、亳州栽培。

图 2-82　穿心莲

◆ 形态特征

生活型:1 年生草本。

株:高达 80 cm。

茎:茎 4 棱,下部多分枝,节膨大。

叶:叶呈卵状长圆形或长圆状披针形,长为 4～8 cm,先端稍钝。

花:总状花序顶生和腋生,集成大型圆锥花序,花序轴上叶较小;苞片和小苞片微小,长约为 1 mm;花萼裂片呈三角状披针形,长约为 3 mm,有腺毛和微毛;花冠呈白色,下唇带紫色斑纹,长约为 1.2 cm,外有腺毛和短柔毛,二唇形,上唇微 2 裂,下唇 3 深裂,花冠筒与唇瓣等长;雄蕊 2,花药 2 室,侧有柔毛。

果:蒴果扁,中有一沟,长约为 1 cm,疏生腺毛。

种子:种子有 12 粒,四方形,有皱纹。

◆ 性味、归经

苦,寒。入肺、胃、大肠、膀胱经。

◆ 功效

清热解毒,凉血消肿。

◆ 成分

根含穿心莲黄酮苷 A～F、穿心莲黄酮、5-羟基-7,8-二甲氧基黄酮等黄酮类化合物,又含 α-谷甾醇。叶含穿心莲内酯、新穿心莲内酯、木蝴蝶素 A、汉黄芩素、咖啡酸、绿原酸等。地上部分含穿心莲内酯、新穿心莲内酯、14-去氧-11、12-去氢穿心莲内酯、14-去氧穿心莲内酯。全草含对映-14β 羟基-8(17)、12-半日花烯-16,15-内酯-3β,19-环氧化物、香荆芥酚、丁香油酚、肉豆蔻酸、三十一烷、三十三烷。

◆ 药理

具有抗炎、解热、保肝利胆、抗心肌缺血、抑制血小板聚集和抗血栓形成、抗动脉粥样硬化、抗肿瘤、抗生育、增强机体免疫力的作用;穿心莲乙醇提取物腹腔注射,能显著延长眼镜蛇毒中毒所致小鼠呼吸衰竭和死亡时间,穿心莲对烟碱受体活性无影响,而显示毒蕈碱样作用,这是其抗毒机制;穿心莲内酯和新穿心莲内酯有抑制大肠杆菌的作用,乙醇提取物对大肠杆菌毒素引起的腹泻有对抗作用。

37. 胡麻科 Pedaliaceae

脂麻

脂麻为胡麻科(芝麻科)植物芝麻(*Sesamum indicum* L.)的种子,即芝麻,又称胡麻、油麻。主要产于山东、河南、河北、湖北、四川、安徽、江西等地。秋季果实成熟时采收,割取全草,捆成小把,顶端向上,晾晒,打下种子,除去杂质,再晒干。

◆ 形态特征

生活型:1年生直立草本。

株:高达 1.5 m。

叶:叶呈长圆形或卵形,下部叶常掌状 3 裂,中部叶有齿缺,上部叶全缘。

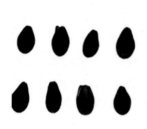

图 2-83　脂麻

花:花单生或 2～3 朵腋生;花萼裂片呈披针形,被柔毛;花冠呈筒状,白色带有紫红色或黄色的彩晕;雄蕊 4,内藏;子房上位,4 室,每室再由一假隔膜分为 2 室,被柔毛。

果:蒴果呈长圆形,有纵棱,直立,被毛,室背开裂至中部或基部。

种子:种子有黑白之分。

◆ 性味、归经

甘,平。入肝、肾、肺经。

◆ 功效

养血柔肝,润肺泽毛,补肾益精。

◆ 成分

含有丰富的营养与生物活性物质,100 g 种仁中含蛋白质 19.1 g、脂肪 46.1 g

（主要成分为油酸 48、亚油酸(37%)、棕榈酸等)、碳水化合物 10.0 g、膳食纤维 8.6 g、灰分 5.1 g、硫胺素 0.66 mg、核黄素 0.25 mg、尼克酸 5.9 mg、维生素 50.4 mg、钙 780 mg、磷 516 mg、镁 290 mg、铁 22.7 mg、锌 6.13 mg、铜 1.77 mg、硒 407 μg；还含有芝麻素(sesamin)、芝麻林素(sesamolin)、芝麻醇(sesamol)、卵磷脂(lecithin)、芝麻苷(pedalin)、芝麻糖(sesa-mose)、细胞色素 C 等。

◆ 药理

丰富的必需脂肪酸、其他营养和生物活性物质可改善皮肤及被毛代谢，润肤泽毛，提高毛皮动物产品品质，促进血液循环，提高免疫功能等。

◆ 用量

牛、马：60～120 g；猪、羊：30～60 g；犬、猫：15～30 g。

◆ 应用研究

（1）提高毛皮动物产品品质。本品炒香，研为细粉，按 1%～2% 的比例添加到毛皮动物饲料中投喂，可迅速改善毛质，使其浓密、柔顺、光泽。

（2）防治动物脱毛症。本品炒香去壳，研为细粉，或用其饼粕研末，按 1%～2% 的比例添加到饲料中投喂，可润泽肌肤，预防和治疗动物脱毛症。

（3）防治动物过敏性皮炎。芝麻 200 g，水煎或研成糊状，掺入饲料中喂服。

（4）养猪增膘。芝麻 70%、食盐 30%，将芝麻炒黄研末，与食盐混合均匀，以 0.5% 掺入饲料中喂服。

（5）治牛百叶干。芝麻 250 g、韭菜 500 g，煮熟喂服，连服 2 剂。

（6）治母畜产后缺乳。黑芝麻 250 g、王不留行 50 g、通草 25 g，研成细末，掺入饲料内喂服。

（7）防治家禽下痢。芝麻叶 25 g、马鞭草 5 g、大蒜 5 g，共研为细末，拌料喂服。

38. 车前科 Plantaginaceae

车前草和车前子

车前草和车前子来自车前科植物车前(*Plantago asiatica* L.)、平车前(*Plantago depressa* Willd.)或大车前(*Plantago major* L.)的干燥全草和种子。夏季采挖，除去泥沙，晒干。

平车前根系明显有主根；叶为椭圆状披针形、椭圆形或卵状披针形，两面有柔毛或疏柔毛，花葶长为 4～17 cm，穗状花序长为花葶总长的 1/2～3/5；种子 5 粒。主要分布于江苏、江西、湖北、西藏、河南及西北、华北、东北地区。生于旷野、荒地、山坡路旁、沟边或沿河埂坡岸上。种子及全草入药，具清热利尿、祛痰止咳及明目功效。

车前根为须根；叶为卵形或宽卵形，两面无毛或略被微毛；穗状花序长为花葶总长的1/3～1/2。花柄极短,苞片呈长卵形;种子有4～6粒,叶薄纸质。全国各地普遍分布。生于旷野、荒地、路旁。种子及全草入药,药效同平车前。

大车前花无柄,苞片呈宽三角形;种子有6～18粒;叶厚纸质。皖北见于阜阳、临泉、界首、太和,生于郊外荒地、宅房、田边。全国各地几乎均有分布。全草及种子入药,有清热利尿作用。为安徽省新记录植物。

图 2-84　车前草和车前子

◆ 形态特征

生活型:2 年生或多年生草本。

株:植株干后呈绿色或褐绿色,或局部带紫色。

根:须根多数。

茎:根茎短,稍粗。

叶:叶基生呈莲座状,薄纸质或纸质,宽卵形或宽椭圆形,先端钝圆或急尖,基部呈宽楔形或近圆,边缘波状、全缘或中部以下具齿。

花:穗状花序有 3～10 个,呈细圆柱状,紧密或稀疏,下部常间断,花冠呈白色,花冠筒与萼片近等长;雄蕊与花柱明显外伸,花药呈白色。

果:蒴果呈纺锤状卵形、卵球形或圆锥状卵形,长为 3～4.5 mm,于基部上方周裂;种子有 5～12 粒,呈卵状椭圆形或椭圆形,长为 1.2～2 mm,具角,背腹面微隆起;子叶背腹排列。

◆ 性味、归经

甘,寒。入肺、膀胱、小肠、肾、肝经。

◆ 功效

利水通淋,清肝明目,化痰止咳。

◆ 成分

含车前聚糖、车前子酸、胆碱、腺嘌呤、琥珀酸、脂肪油、蛋白质、树脂等,还含去羟栀子苷酸等。

◆ 药理

具有祛痰镇咳、预防肾结石形成、抗炎、延缓衰老、缓泻等作用。

◆ 用量

马、牛:15～60 g;猪、羊:6～12 g;犬:3～6 g;兔、禽:1～3 g。

◆ 应用研究

(1) 车前子 30 g、苍术 30 g、黄芪 20 g、陈皮 30 g、大青叶 20 g、白头翁 30 g、五味子 10 g、马齿苋 30 g、甘草 10 g,共研为细末,按 1% 的比例混于兔饲料中,试验组兔增重快,较对照组提高 19%,而且发病率低,无死亡;成年兔的产毛量提高 15.6%,繁殖母兔窝产活仔数提高 16.4%。

(2) 车前子、滑石、茯苓、苡仁、白头翁、秦皮、苦参、黄连各等份,共研为细末,按 2% 的比例添加,治仔猪湿热泄泻。

39. 忍冬科 Caprifoliaceae

金银花

金银花为忍冬科植物忍冬(*Lonicera japonica* Thunb.)的干燥花蕾。全国大部分地区均产。产于河南者称"南银花",产于山东者称"东银花"。夏初日出前采收含苞未放的花蕾,置芦席上摊开,当日晒干,不宜翻动,否则花色变黑,影响质量。生用或炙用。

◆ 形态特征

生活型:半常绿藤本。

枝:幼枝呈暗红褐色,密被黄褐色、开展的硬直糙毛、腺毛和柔毛,下部常无毛。

叶:叶纸质,呈卵形或长圆状卵形,有时呈卵状披针形、稀圆卵状或倒卵形,极少有 1 至数个钝缺刻,长为 3～9.5 cm,基部呈圆或近心形,有糙缘毛,下面呈淡绿色,小枝上部叶两面均密被糙毛,下部叶常无毛,下面多少带青灰色;叶柄长为 4～8 mm,密被柔毛。

花：小苞片先端圆或平截，长约为1 mm，有糙毛和腺毛；萼筒长约为2 mm，无毛，萼齿呈卵状三角形，有长毛，外面和边缘有密毛；花冠呈白色，后黄色，长为2～6 cm，唇形，冠筒稍长于唇瓣，被倒生糙毛和长腺毛，上唇裂片先端钝，下唇带状反曲；雄蕊和花柱高出花冠。

果：果呈圆形，径为6～7 mm，熟时为蓝黑色。

图 2-85　金银花

◆ 性味、归经

甘，寒。入肺、胃、大肠经。

◆ 功效

清热解毒。

◆ 成分

含挥发油，主要为芳樟醇，还有顺-芳樟醇氧化物、丁香油酚、香荆芥酚等数十种挥发油成分；又含绿原酸、异绿原酸、白果酸、豆甾醇、木犀草素等；还含伞花耳草素、棕榈酸、肉豆蔻酸等。

◆ 药理

具有抗病原体、增强免疫、抗炎、降血脂、抗生育、抗肿瘤作用。绿原酸可引起大、小鼠等动物中枢神经系统兴奋，增加胃肠蠕动，促进胃液及胆汁分泌；还可兴奋大鼠离体子宫，并能轻微增强肾上腺素及去甲肾上腺素对猫与大鼠的升压作用。

◆ 用量

马、牛：30～60 g；猪、羊：6～12 g；犬、猫：3～6 g；兔、禽：1～3 g。

◆ 应用研究

（1）蒲公英 3 g，白头翁、生地各 4 g，金银花、丹皮、芦根各 3 g，煎汁加糖供 10 羽鸡饮用，防治传染性法氏囊病。

（2）在 0～3 周龄肉鸡饲料中添加金银花、桂枝提取物（300 只鸡添加 200 g），4～6 周龄加柴胡、桑叶提取物（300 只鸡添加 200 g），7 周龄加柴胡、桑叶提取物（300 只鸡共添加 150 g），鸡平均日增重、平均日采食量分别比抗生素对照组提高 16% 和 9%，死淘率降低 30% 以上。

（3）银花、连翘、黄芩、板蓝根、白茅根各 5 g，甘草 2 g，水煎服，对治疗兔瘟和预防兔瘟继发症有一定作用。

（4）双花、板蓝根、蒲公英、山楂、甘草、黄芩，共研为细末，按 1% 的比例添加在饲料中饲喂，可治疗鸡痘。

（5）板蓝根 100 g，蒲公英、金银花、山楂、甘草各 50 g，黄芩 30 g，共研为细末，按 1% 的比例添加在饲料中饲喂，可治疗混合型鸡痘 200 只，用药 1 天后，病情好转，6 天后症状消失。

40. 川续断科 Dipsacaceae

续断

续断为川续断科植物川续断（*Dipsacus asper* Wall. ex Henry）及续断（*D. japonicus* Miq.）的干燥根。川续断主要产于四川、湖北、湖南、云南、西藏等地；续断主要产于华中、华东、华北、四川、贵州等地。8～10 月间采根，去芦茎细须，切片，晒干。生用、酒炒或盐水炒用。

◆ 形态特征

生活型：多年生草本。

根：根呈黄褐色，稍肉质；茎中空，具棱，棱上疏生下弯粗短的硬刺。

茎：茎具棱，棱上疏生下弯粗硬刺。

叶：基生叶稀疏丛生，琴状羽裂，长为 15～25 cm，顶裂片呈卵形，长达 15 cm，侧裂片有 3～4 对，多为倒卵形或匙形，上面被白色刺毛或乳头状刺毛，下面沿脉密被刺毛；叶柄长达 25 cm；茎中下部叶为羽状深裂，中裂片呈披针形，长达 11 cm，具疏粗锯齿，侧裂片有 2～4 对，呈披针形或长圆形，茎下部叶具长柄，向上叶柄渐短，茎上部叶呈披针形，不裂或基部 3 裂。

花：头状花序径为 2～3 cm，总花梗长达 55 cm；总苞片为 5～7 片，呈披针形或

线形,被硬毛;苞片呈倒卵形,长达 0.7～1.1 cm,被柔毛,先端喙尖长为 3～4 mm,
两侧密生刺毛或稀疏刺毛,稀被毛;小总苞为 4 棱,呈倒卵柱状,每侧面具 2 纵沟;
花萼为 4 棱,皿状,不裂或 4 裂,被毛;花冠呈淡黄或白色,冠筒呈窄漏斗状,长为
0.9～1.1 cm,4 裂,被柔毛;雄蕊明显超出花冠。

果:瘦果呈长倒卵柱状,包于小总苞内,长约为 4 mm,顶端外露。果可入药,有
活血化瘀、通络止痛的功效。

图 2-86　续断

◆ 性味、归经

苦、辛,微温。入肝、肾经。

◆ 功效

补肝肾,续折伤,安胎。

◆ 成分

川续断含环烯醚菇糖苷,如当药苷(sweroside)、马钱子苷(loganin)、三菇皂
苷、挥发油等,其成分有 41 种,已鉴定 29 种,其中含量较高的有 2,4,6-三叔丁基苯
酚、3-乙基-5-甲基苯酚、丙酸乙酯等;还含有其他成分,如常春藤皂苷元(hederage-
nin)、β-谷甾醇、胡萝卜苷(daucosterol)、蔗糖及较多的微量元素钛。

◆ 药理

具有强心降压、兴奋平滑肌、抗炎、抗氧化、抗菌等作用。

◆ 用量

马、牛:15～60 g;猪、羊:5～10 g;犬:3～5 g;兔、禽:1～2 g。

◆ 应用研究

续断、当归、熟地、香附、阳起石、淫羊藿、菟丝子、玄参组成添加剂,每头每天按12 g添加于种公猪饲料中饲喂,能显著提高精液量、精子密度、精子成活率,同时精子顶体异常率、精子畸形率显著降低。

41. 桔梗科 Campanulaceae

桔梗

桔梗为桔梗科植物桔梗[*Platycodon grandiflorum*(Jacq.)A. DC.]的干燥根。主要产于安徽、江苏、浙江、湖北、河南等地。生于山坡草丛中。春秋采挖,以秋采者为佳。除去苗茎,洗净,刮去栓皮,晒干,切片生用。

图 2-87 桔梗

◆ 形态特征

生活型:多年生草本,有白色乳汁。

株:有白色乳汁。

根:根呈胡萝卜状。

茎:茎直立,高达 0.2～1.2 m,通常无毛,稀密被短毛,不分枝,极少上部分枝。

叶:叶轮生、部分轮生至全部互生,呈卵形、卵状椭圆形或披针形,长为 2～7 cm,基部呈宽楔形或圆钝,先端急尖,上面无毛而呈绿色,下面常无毛而有白粉,有时脉上有短毛或瘤突状毛,边缘具细锯齿,无柄或有极短的柄。

花:花单朵顶生,或数朵集成假总状花序,或有花序分枝而集成圆锥花序;花萼呈筒部半圆球状或圆球状倒锥形,被白粉,5 裂,裂片呈三角形或窄三角形,有时呈齿状;花冠呈漏斗状钟形,长为 1.5～4 cm,蓝或紫色,5 裂;雄蕊 5,离生,花丝基部扩大成片状,且在扩大部分有毛;无花盘;子房半下位,5 室,柱头 5 裂,裂片狭窄,常为线形。

果:蒴果呈球状、球状倒圆锥形或倒卵圆形,长为 1～2.5 cm,在顶端(花萼裂片和花冠着生位置之上)室背 5 裂;带着隔膜。

种子:种子多数,熟后呈黑色,一端斜截,一端急尖,侧面有一条棱。

◆ 性味、归经

苦、辛,平。入肺经。

◆ 功效

宣肺止咳,清咽利喉,祛痰排脓。

◆ 成分

每 100 g 嫩茎叶含蛋白质 0.19 g、粗纤维 3.19 g、碳水化合物 14 g、胡萝卜素 8.4 mg、核黄素 0.6 mg、抗坏血酸 216 mg。根中所含有效成分为皂苷,含镁 5.59 mg、磷 2.25 mg、铁 135 μg、锰 73 μg、锌 35 μg、铜 4 g。

◆ 药理

具有祛痰镇咳、降低血糖及影响胆固醇的代谢、抑制胃液分泌及抗溃疡、抗炎作用;粗制桔梗皂苷有镇静、镇痛和解热作用;注射给药时对麻醉犬有扩张冠状血管和后肢血管的作用;体外试验,桔梗煎剂对絮状表皮癣菌有抑制作用;桔梗口服或腹腔注射对艾氏腹水癌细胞抑制效果一般为 30%～60%。

◆ 用量

马、牛:15～40 g;猪、羊:3～10 g;犬:2～5 g;兔、禽:1～1.5 g。

◆ 应用研究

(1) 金荞麦、鱼腥草、麻黄、桔梗等 14 味中药制成"强力咳喘通"粉剂,按 1%、0.5%的比例拌料治疗鸡霉形体病及其他原因引起的咳喘症,治愈率分别为82.6%和 78.2%,高于支原净对照组 73.9%的治愈率。

(2) 大青叶 150 g、金银花 150 g、野菊花 150 g、桔梗 200 g、射干 100 g、马勃 80 g、蒲公英 100 g、生甘草 50 g,粉碎,拌料饲喂,每只成鸡每天 4～5 g,中雏减半,用于鸡支气管炎。

(3) 桔梗 200 g、前胡 150 g、荆芥 150 g、紫菀 150 g、陈皮 150 g、百部 200 g、甘草

100 g、金银花 250 g、罗汉果 10 只、大青叶 200 g,研末、混匀,每只鸡每次按 0.5～1 g拌料饲喂。治疗时,每天 1 次,连喂 5 天;预防时,每隔 5 天 1 次,共 5～8 次,可防治鸡败血支原体病、支气管炎等。

(4) 石决明 50 g、草决明 50 g、大黄 40 g、黄芩 40 g、栀子 30 g、郁金 35 g、鱼腥草 100 g、苏叶 60 g、紫菀 80 g、黄药子 45 g、白药子 45 g、陈皮 40 g、苦参 40 g、龙胆草 30 g、苍术 50 g、三仙 30 g、甘草 40 g、桔梗 50 g,共研为细末。每只鸡每天按 2.5～3.5 g添加在饲料中饲喂,可治疗鸡传染性支气管炎。

(5) 桔梗、葶苈子、鱼腥草、蒲公英、黄芩、苦参,煎水供鸡自饮,可治疗鸡曲霉菌病。

党参

党参为桔梗科植物党参〔*Codonopsis pilosula*(Franch.)Nannf.〕的干燥根。主要产于辽宁、吉林、黑龙江、山西、陕西、甘肃、宁夏、四川等地,河北、山西、河南等地有栽培,皖北阜南、阜阳、亳州栽培。东北产者称东党,西北产者称西党,山西野生者称台党,栽培者称潞党。春、秋采挖,以秋采者为佳。将根挖出后除去泥沙、茎苗,边晒边搓,使皮部与木质部贴紧,晒干,切段。生用或蜜炙用。

图 2-88　党参

◆ 形态特征

识别要点:与原变种区别为叶较小,长为 1～4.5 cm,宽为 0.8～2.5 cm。

根:根常肥大呈纺锤状或纺锤状圆柱形,较少分枝或中下部稍有分枝,长为

15～30 cm,表面呈灰黄色,上端5～10 cm部分有细密环纹,而下部则疏生横长皮孔,肉质。

茎:茎缠绕,长为1～2 m,有多数分枝,侧枝为15～50 cm,小枝长为1～5 cm,具叶,不育或先端着花,无毛。

叶:叶在主茎及侧枝上的互生,在小枝上的近对生,呈卵形或窄卵形,长为1～6.5 cm,宽为0.8～5 cm,端钝或微尖,基部近心形,边缘具波状钝锯齿,分枝上叶渐趋狭窄,基部呈圆或楔形,上面呈绿色,下面呈灰绿色,两面疏或密地被贴伏长硬毛或柔毛,稀无毛;叶柄长为0.5～2.5 cm,有疏短刺毛。

花:花单生枝端,与叶柄互生或近对生,有梗;花萼贴生至子房中部,萼筒呈半球状,裂片呈宽披针形或窄长圆形,长为1.4～1.8 cm,敞波状或近全缘;花冠上位,呈宽钟状,长为2～2.3 cm,径为1.8～2.5 cm,呈黄绿色,内面有明显紫斑,浅裂,裂片呈正三角形,全缘;花丝基部微扩大;柱头有白色刺毛。

果:蒴果下部呈半球状,上部呈短圆锥状。

种子:种子呈卵圆形,无翼。

◆ 性味、归经

甘、平。入脾、肺经。

◆ 功效

补中、益气、生津。

◆ 成分

含皂苷、微量生物碱、蔗糖、葡萄糖、菊糖、淀粉、黏液及树脂等。川党参根还含有挥发油、黄芩素、葡萄糖甙等。党参茎叶中粗蛋白占干物质的15.2%,含有18种氨基酸,含量为5.17%,消化能占7.56 MJ/kg,并含有维生素B族、钙、磷、铁、锌等成分。

◆ 药理

具有促进免疫功能、增强应激能力、升高血糖、抗缺氧、促进血凝、抗微生物、抗肿瘤作用。党参水煎液对离体回肠有抑制和兴奋两种作用,并具有减慢心率和降压等作用。

◆ 用量

马、牛:20～60 g;猪、羊:10～20 g;犬、猫:5～10 g。

◆ 应用研究

(1)党参(或其茎叶)粉为细末,过80目筛,按0.5%～1%的比例掺于饲料中投喂,可显著增强免疫功能,提高饲料营养利用率,从而提高生产性能。

(2)党参100 g,黄芪100 g,茯苓40 g,白术50 g,甘草40 g,马齿苋80 g,当归40 g,神曲90 g,山楂60 g,水煎成100%的汤剂,在仔猪日粮中添加2%的汤剂能有效预防仔猪早期断奶腹泻,并能提高细胞和体液免疫功能。

（3）党参、黄芪、淫羊藿等中药复方的水提醇沉液适量与鸡新城疫-Ⅱ系疫苗混合免疫鸡,可提高新城疫抗体效价,延长抗体的存留时间,提高群体的保护率。

（4）党参 30 g、黄芪 30 g、蒲公英 40 g、金银花 30 g、板蓝根 30 g、大青叶 30 g、甘草（去皮）10 g、蟾蜍 1 只（100 g 以上）。先将蟾蜍置沙罐中,加水 1.5 kg,数次煎沸后,入其他七味药,文火继煎数沸,放冷取汁。供 100 只中雏鸡 1 日 3 次用,药液可饮用或拌料;若制成粉末拌料,用量可减至 1/3～1/2。用于治疗鸡传染性法氏囊病。

（5）党参 60 g、干姜 50 g、黄芩 50 g、黄连 60 g、木香 60 g,煎 2 次,共 5000～6000 mL,供鸡自饮,3 h 内饮完,10 h 后拉稀好转,法氏囊病痊愈。

42. 菊科 Asteraceae(Compositae)

鹤虱

鹤虱为菊科植物天名精（*Carpesium abrotanoides* L.）,又名北鹤虱或伞形科植物野胡萝卜（*Daucus carota* L.）,又名南鹤虱的成熟干燥果实。北鹤虱主要产于河南、山西、贵州、陕西、甘肃、湖北等地。晚秋果实成熟时采收,除去杂质,晒干。后者主要产于江苏、浙江、安徽、湖北、四川、云南、贵州、山西等地。8～9 月果实成熟时采收,除去杂质,晒干。生用或炒用。

图 2-89　鹤虱

◆ 形态特征

生活型:1 年生草本。

株:高达 60 cm。

茎:茎直立,多分枝,密被短糙伏毛。

叶:茎生叶呈线形或线状倒披针形,长为 1～2 cm,先端渐尖或尖,基部渐窄,两面疏被具基盘糙硬毛。

花:苞片叶状,与花对生;花梗长为 2～5 mm;花萼裂片呈线形,被毛,果期开展;花冠呈漏斗状,淡蓝色,长约为 3 mm,冠檐径为 3～4 mm,裂片呈窄卵形,附属物生于喉部,梯形。

果:果序长为 10～20 cm;小坚果呈卵圆形,长约为 3.5 mm,被疣点,背盘呈窄卵形或披针形,中线具纵脊,边缘具 2 行近等长锚状刺,刺长为 1.5～2 mm,基部靠合;雌蕊基及花柱稍高出小坚果。

染色体:$2n=48$。

◆ 性味、归经

苦、辛、平。有小毒。入肝、大肠经。

◆ 功效

杀虫。

◆ 成分

含挥发油,油中含天名精内酯、天名精酮等内酯化合物,还含有缬草酸、正己酸、油酸、亚麻酸、卅一烷、豆甾醇等。

◆ 药理

驱绦、蛔虫,抑制脑组织呼吸、降温、降压,此外有一定的消毒和杀菌作用。1%的鹤虱酊对犬绦虫有较强的杀灭作用;天名精煎剂在体外有杀灭鼠蛲虫作用,给已感染蛔虫的豚鼠灌服鹤虱流浸膏有驱蛔虫作用,水煎剂驱水蛭尤为有效。

◆ 用量

马、牛:15～30 g;猪、羊:3～6 g;犬:1.5～3 g。

◆ 应用研究

(1)牡蛎粉 20 g、芒硝 20 g、山楂 20 g、食盐 10 g、麦芽 10 g、莱菔子 10 g、使君子 4 g、雷龙 2 g、鹤虱 4 g、何首乌 5 g,共研为细末,每头猪每天按 20 g 添加在饲料中饲喂,结果发现,治愈僵猪 335 头(共有 354 头僵猪),治愈率达 95%。

(2)鹤虱、制何首乌各 30 g,石榴皮、贯众各 12 g,煎水喂服,可治疗猪蛔虫病。

(3)北鹤虱研成细末,小猪 10 g,中猪 15 g,大猪 20 g,混饲或饮服,每天或隔日 1 剂,可治疗猪蛔虫病。

向日葵子

中药向日葵子为菊科植物向日葵(*Helianthus annuus* L.)的成熟种子。向日葵在我国已有数千年的栽培历史,明代作为农作物引进美洲新品种,种植面积在全国范围内迅速扩大，目前已达数百万公顷。秋季采收成熟花托，打下种子后晒干。

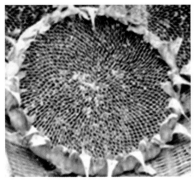

图 2-90　向日葵

◆ 形态特征

生活型：1年生草本。

茎：茎高达 3 m，被白色粗硬毛。

叶：叶互生，呈心状卵圆形或卵圆形，顶端急尖或渐尖，有三基出脉，边缘有粗锯齿，两面被短糙毛，有长柄。

花：头状花序极大，径一般为 10～30 cm，单生于茎端或枝端，常下倾；总苞片多层，叶质，覆瓦状排列，呈卵形至卵状披针形，顶端尾状渐尖，被长硬毛或纤毛。

果：舌状花多数，呈黄色，不结实；管状花极多数，呈棕或紫色，有披针形裂片，结果；呈瘦果倒卵圆形或卵状长圆形，长为 1～1.5 cm，常被白色柔毛，上端有 2 膜片状早落冠毛。

◆ 性味、归经

甘、温。入脾、肺经。

◆ 功效

养血润肺，健肤泽毛，利尿消肿，止血止痢。

◆ 成分

含有丰富的营养与生物活性物质，100 g 种仁中含蛋白质 23.9 g、脂肪 49.9 g（其中亚油酸含量高达 70%）、碳水化合物 13.0 g、膳食纤维 6.1 g、灰分 4.7 g、胡萝卜素 30 μg、视黄醇 5 μg、硫胺素 0.36 mg、核黄素 0.20 mg、尼克酸 0.8 mg、维生素 34.53 mg、钙 72 mg、磷 238 mg、镁 264 mg、铁 5.7 mg、锌 6.03 mg、铜 2.5 mg、硒 1.21 μg。

◆ 药理

亚油酸是动物体必需的脂肪酸之一，只能从食物中摄取。其生理功能可改善皮肤及被毛代谢，润肤泽毛，提高毛皮动物产品品质，还有降低血脂而减肥、清除血管沉积物并促进血液循环而抗动脉粥样硬化和稳定血压、提高骨质密度等重要作用。

◆ 用量

牛、马：60～120 g；猪、羊：30～60 g；犬、猫：15～30 g。

◆ 应用研究

（1）提高毛皮动物产品品质。本品炒香去壳，研为细粉，按1%～2%的比例添加到毛皮动物饲料中投喂，可迅速改善毛质，使其浓密、柔顺、光泽。

（2）防治动物脱毛症。本品炒香去壳，研为细粉，或用其饼粕研末，按1%～2%的比例添加到饲料中投喂，可润泽肌肤，预防和治疗动物脱毛症。

（3）防治动物过敏性皮炎。向日葵子（炒香去皮）120 g、白鲜皮30 g、白蒺藜30 g，水煎取汁，或绞成糊状，掺入饲料中喂服。

旱莲草

旱莲草为菊科植物鳢肠（*Eclipta prostrata* L.）的全草。安徽见于颍上、阜南、临泉、阜阳、亳州（涡阳、蒙城、利辛）、界首、萧县、淮北、灵璧、泗县、五河，生于墙角路旁，沟边石缝及田埂草丛中。主要产于江苏、浙江、江西、湖北、广东等地。夏、秋季割取全草，鲜用或晒干。除去杂质及残根，洗净，稍润，切段，干燥。

图 2-91　旱莲草与鳢肠

◆ 形态特征

生活型:1 年生草本。

茎:茎基部分枝,被贴生糙毛。

叶:叶呈长圆状披针形或披针形,长为 3～10 cm,边缘有细锯齿或波状,两面密被糙毛,无柄或柄极短。

花:头状花序径为 6～8 mm,花序梗长为 2～4 cm;总苞呈球状钟形,总苞片呈绿色,草质,5～6 排成 2 层,呈长圆形或长圆状披针形,背面及边缘被白色伏毛;外围雌花有 2 层,舌状,舌片先端 2 浅裂或全缘;中央两性花多数,花冠呈管状,白色。

果:瘦果呈暗褐色,长为 2.8 mm,雌花瘦果呈三棱形,两性花瘦果扁呈四棱形,边缘具白色肋,有小瘤突,无毛。

◆ 性味、归经

甘、酸,凉。入肝、肾经。

◆ 功效

凉血止血,补肾养阴,清热解毒。

◆ 成分

含皂苷 1.32%、烟碱约 0.08%、蛋白质约 26.5%,含 α-三联噻吩、α-三联噻吩基甲醇乙酸酯、α-甲酰三联噻吩等,还含木犀草素-7-葡萄糖苷、β-香树脂醇、植物甾醇、鞣质、苦味质及异黄酮苷类等。叶含鳢肠菊内酯、去甲基鳢肠菊内酯、去甲基鳢肠菊内酯-7-葡萄糖苷。

◆ 药理

具有抗炎、保肝、抗诱变、止血、抑菌、增强免疫作用。对小鼠有明显镇静、镇痛作用,可使豚鼠离体心脏冠脉流量增加,心电图 T 波改善;旱莲草煎剂对食管癌 109 细胞有中等程度的杀伤作用。

◆ 用量

马、牛:15～60 g;猪、羊:10～15 g;犬:5～8 g。(鲜品用量加 2～3 倍。外用适量。)

◆ 应用研究

(1) 鲜旱莲草 300 g,山楂 250 g,加两倍水煎沸,再加白糖 150 g,待温灌服,可治疗牛血痢。

(2) 鲜旱莲草 500～1000 g,水煎服,可治疗牛尿血。

(3) 鲜旱莲草 500～1000 g,鲜铁苋菜、鲜辣蓼草、鲜水杨梅各 60～100 g,鲜车前草 12～15 g,洗净切碎,水煎服,连服 2～3 剂,可治疗牛的热泻。

鹅不食草

鹅不食草为菊科植物石胡荽[*Centipeda minima*(L.) A. Br. etAschers]的带

花全草。安徽颍上、阜南、阜阳、界首、灵璧可见。主要产于浙江、湖北、江苏、广东等地。夏秋开花时采收,挖掘全草,洗净,鲜用或晒干。

图 2-92　石胡荽

◆ 形态特征

生活型:1 年生草本。

株:高达 5～20 cm。

茎:茎多分枝,呈匍匐状,微被蛛丝状毛或无毛。

叶:叶呈楔状倒披针形,长为 0.7～1.8 cm,先端钝,基部呈楔形,边缘有少数锯齿,无毛或下面微被蛛丝状毛。

花:头状花序小,呈扁球形,花序梗无或极短;总苞呈半球形,总苞片 2 层,呈椭圆状披针形,绿色,边缘透明膜质,外层较大;边花雌性,多层,花冠呈细管状,淡绿黄色,2～3 微裂;盘花两性,花冠呈管状,4 深裂,淡紫红色,下部有明显的窄管。

果:瘦果呈椭圆形,具 4 棱,棱有长毛,无冠状冠毛。

◆ 性味、归经

辛,温。归肺经。

◆ 功效

祛风散寒,通鼻利窍,明目去翳。

◆ 成分

含蒲公英甾醇、乙酸蒲公英甾醇酯、豆甾醇、堆心菊内酯异丁酸酯、挥发油等,有效成分主要为伪愈创内酯类和黄酮类。

◆ 药理

对风寒感冒、头痛、鼻塞、百日咳、含痰疟疾、痧痛腹症及跌打扭伤肿痛有治疗作用。全草热水提取物对被动皮肤超敏反应和化合物 48/80 或刀豆素 A 诱导的大鼠腹腔肥大细胞组胺释放有显著抑制作用。

◆ 用量

马、牛:30～60 g;猪、羊:10～15 g;犬:6～8 g。

◆ 应用研究

鹅不食草 60 g,捣烂取汁,注入鼻腔,纱布堵塞家畜两侧鼻孔各 10 min,可治疗家畜过敏性鼻炎。

艾叶

艾叶为菊科植物艾(*Artemisia argyi* Levl. et Vant.)的干燥叶片。全国各地均产。春夏间花未开时采摘,晒干或阴干。生用或炒炭用。如连枝割下,晒干,捣绒,做成艾条,以供灸用。

图 2-93　艾叶

◆ 形态特征

生活型:多年生草本或稍亚灌木状,植株有浓香。

茎:茎有少数短分枝;茎、枝被灰色蛛丝状柔毛。

叶:叶上面被灰白色柔毛,兼有白色腺点与小凹点,下面密被白色蛛丝状密绒毛;基生叶具长柄;茎下部叶近圆形或宽卵形,羽状深裂,每侧有裂片 2～3 片,裂片有 2～3 个小裂齿,干后下面主、侧脉常呈深褐或绣色,叶柄长为 0.5～0.8 cm;中部叶呈卵形、三角状卵形或近菱形,长为 5～8 cm,一(二)回羽状深裂或半裂,每侧有裂片 2～3 片,裂片呈卵形、卵状披针形或披针形,宽为 2～4 mm,干后主脉和侧脉呈深褐或诱色,叶柄长为 0.2～0.5 cm;上部叶与苞片叶羽状半裂、浅裂、3 深裂或不裂。

花:头状花序呈椭圆形,径为 2.5～3 mm,排成穗状花序或复穗状花序,在茎上常组成尖塔形窄圆锥花序;总苞片背面密被灰白色蛛丝状绵毛,边缘膜质;雌花有6～10 朵;两性花有 8～12 朵,檐部为紫色。

果:瘦果呈长卵圆形或长圆形。

◆ 性味、归经

苦、辛,温。入脾、肝、肾经。

◆ 功效

散寒除湿,温经止血,安胎。

◆ 成分

不仅含有蛋白质、脂肪、各种必需氨基酸、矿物质、叶绿素,而且含有大量维生素A、维生素 C 和硫胺素、核黄素、烟酸、泛酸、胆碱等 B 族维生素,以及调节精神的龙脑、樟脑挥发油、芳香油和未知生长素等成分。每 100 g 艾粉含消化能 250 kcal、粗蛋白 16.1 g、粗脂肪 1.2 g、糖类 1.5 g、灰分 11.3 g。

◆ 药理

具有抗菌、平喘、镇咳祛痰、抗过敏性休克、利胆、镇静作用。煎剂具有抗凝血、兴奋兔离体子宫等作用,艾叶炒炭、醋艾炭或焖煅艾叶炭的煎剂可缩短凝血时间。艾叶油对离体蟾蜍心和兔心的收缩力有抑制作用。

◆ 用量

马、牛:15～45 g;驼:30～60 g;猪、羊:6～12 g;犬、猫:3～6 g;兔、禽:1～1.5 g。外用适量。

◆ 应用研究

(1) 给每头怀孕牛每天的食物里添加 0.4 kg 艾叶,有保胎作用,有利于胎儿生长,可提高繁殖率。每头奶牛每天添加 1.5 kg 艾叶,产奶量提高 15.6%。

(2) 肉兔饲草中添加 1/6 的艾叶,可以使肉兔增重率提高 12.3%,且兔肉细嫩、肉质品味提高。毛兔经常饲喂艾叶,可提高产毛量 8%～10%,而且毛质地优良。

(3) 肉鸡饲料中添加 1.5%～2.5% 的艾叶粉,可提高增重 10.49%～22.69%;种鸡日粮中添加 3.0% 的艾叶粉,不仅产蛋量增加明显,而且种蛋的孵化率提高 30.5%;产蛋鸡添加 1.5%～2% 的艾叶粉,产蛋率提高 4%～5%。饲喂艾叶的鸡蛋壳色泽加深,蛋黄呈深黄色或深红色,鸡肉的品质得到改善。肉鹅饲喂艾叶粉可改善肉的品质。产蛋鹅饲料中添加 2%～3% 的艾叶粉,可提高产蛋 5%～11%,幼鹅成活率提高 4% 以上。

(4) 用鲜嫩艾叶切碎喂草鱼,可提高增重 5%～8%。在精料中添加 1%～2% 的艾叶粉饲喂其他鱼种,生长率也有不同程度的提高。在鲤鱼饲料中添加 0.5% 的艾叶,可使一龄鲤鱼增重率提高 15.4%～22.4%,同池鲢、鲤鱼的生长速率也有显著提高;使网箱养一龄鲤鱼增重率提高 14.5%,而且能防治肠出血病、烂鳃病等。

（5）艾叶 100 g、黄芪 50 g、肉桂 100 g、钩吻 100 g、五加皮 100 g、小茴香 50 g,共研为细末,每只鸡每天按 1~1.5 g 拌料饲喂,从 10 日龄开始,连喂 40 天,有利于鸡增重。

千里光

千里光为菊科植物千里光(*Senecio scandens* Buch. Ham.)的全草。安徽见于颍上、阜南、阜阳、临泉、利辛、灵璧、泗县、五河、怀远。主要产于江苏、浙江、广西、四川等地。9~10 月采收,割取地上部分,洗净,鲜用或晒干。

图 2-94　千里光

◆ 形态特征

生活型:多年生攀援草本。

茎:茎长达 2~5 m,多分枝,被柔毛或无毛。

叶:叶呈卵状披针形或长三角形,长达 2.5~12 cm,基部呈宽楔形、平截、戟形,稀心形,边缘常具齿,稀全缘,有时具细裂或羽状浅裂,近基部具 1~3 对较小侧裂片,两面被柔毛至无毛,侧脉 7~9 对,叶柄被柔毛或近无毛,无耳或基部有小耳;上部叶变小,呈披针形或线状披针形。

花:头状花序有舌状花,排成复聚伞圆锥花序;分枝和花序梗被柔毛,花序梗具苞片,小苞片 1~10,线状钻形;总苞呈圆柱状钟形,长为 5~8 mm,外层苞片约有 8 片,呈线状钻形,长为 2~3 mm,总苞片 12~13,呈线状披针形;舌状花 8~10,管部长为 4.5 mm,舌片呈黄色,长圆形,长为 0.9~1 cm;管状花多数,花冠呈黄色,长为 7.5 mm。

果:瘦果呈圆柱形,被柔毛;冠毛呈白色。

◆ 性味、归经

苦,寒。入肺、肝、大肠经。

◆ 功效

清热解毒,凉血消肿,清肝明目,杀虫止痛。

◆ 成分

含千里光宁碱、千里光菲林碱、大量毛茛黄素、菊黄质及少量胡萝卜素,还含氢醌、对羟基苯乙酸、香草酸、水杨酸、焦黏酸。

◆ 药理

具有抗菌、抗钩端螺旋体、抗滴虫作用;另外,千里光宁碱对大鼠瓦克癌 W_{256} 有抗肿瘤作用,千里光宁碱及千里光菲灵碱对氨甲酰胆碱所致兔和大鼠离体小肠痉挛具明显松弛作用。50%的千里光煎剂,对志贺氏痢疾杆菌和金黄色葡萄球菌有较强的抗菌作用,对伤寒杆菌、副伤寒甲杆菌、副伤寒乙杆菌、痢疾杆菌、大肠杆菌、变形杆菌、蜡样炭疽杆菌等有抑制作用。

◆ 用量

马、牛:180~300 g;猪、羊:60~90 g;犬:30~40 g。外用适量。

◆ 应用研究

(1) 千里光、大青叶各1000 g,地榆500 g,煎水拌饵投喂,可防治草鱼肠炎病。

(2) 千里光、黄苏、荆芥、金银花、柴胡、板蓝根等制成"千里清肺散",牛每次200~300 g,猪、羊每次100 g,可防治呼吸道疾病。

青蒿

青蒿为菊科植物青蒿(*Artemisia apiacea* Hance.)和黄花蒿(*A. annua* L.)的全草。以黄花蒿最为普遍,全国各地均产。夏、秋采收,除去老茎,鲜用或阴干。切段生用。

◆ 形态特征

生活型:1年生草本。

茎:茎单生,高达1.5 m,无毛。

叶:叶两面无毛;基生叶与茎下部叶三回栉齿状羽状分裂,叶柄长;中部叶呈长圆形、长圆状卵形或椭圆形,长为5~15 cm,二回栉齿状羽状分裂,回全裂,每侧裂片4~6,裂片具长三角形栉齿或近线状披针形小裂片,中轴与裂片羽轴有小锯齿,叶柄长为0.5~1 cm,基部有小形半抱茎假托叶;上部叶与苞片叶一(二)回栉齿状羽状分裂,无柄。

花:头状花序近半球形,径为3.5~4 mm,具短梗,下垂,基部有线形小苞叶,穗状总状花序组成圆锥花序;总苞片背面无毛;雌花有1~20朵;两性花有30~40朵。

果:瘦果呈长圆形。

◆ 性味、归经

苦、辛,寒。入肝、胆经。

◆ 功效

清热解暑,退虚热。

图 2-95　青蒿

◆ 成分

全草含青蒿素,青蒿素Ⅰ～Ⅴ、C、G,去氧异青蒿素 B,青蒿酸,青蒿烯蒿黄素等;含黄酮类成分,如芹菜素、木犀草素、山萘酚、糖苷、异鼠李素、甲醚、2,2-二羟基-6-甲氧基色酮等;含挥发油,主要成分有樟脑 36.91%、γ荜澄茄烯 6.2%、桉叶素等。地上部分还含黄花蒿双环氧化物、聚乙炔、本都山蒿环氧化物等。花芽含挥发油,主要有青蒿酮(33%～75%)、青蒿醇(15%～56%)等 85 个成分。

◆ 药理

具有抗菌、抗肿瘤、退虚热、降血压、抗早孕、增强免疫等作用。

◆ 用量

马、牛:15～60 g;猪、羊:5～15 g;兔、禽:1～2 g;犬:3～6 g;驼:30～100 g。

◆ 应用研究

(1) 鲜青蒿 500 g,切碎喂犊牛,每天 1 次,连用 3 天,可防治犊牛球虫病。

(2) 常山 2500 g,柴胡 900 g,苦参 1850 g,青蒿 1000 g,地榆炭 900 g,白茅根 900 g,加蒸馏水蒸煮 3 次浓缩至 2800 mL,或粉碎过筛。治疗鸡球虫病可将原液配成 25%的浓度,每 15 kg 饲料中加入 4000 mL 稀释药液,拌匀,连喂 8 天。预防时,在饲料中添加 0.5% 的药粉，连用 5 天。

（3）青蒿粉加紫珠粉适量混合后，按 2% 的比例添加至雏鸡饲料中，连用 2 天，可防治球虫病，提高成活率。

（4）在雏鸡日粮中添加 5% 的青蒿，可防治球虫病。

菊花

菊花为菊科植物菊（*Chrysanthemum morifolium* Ramat.）的干燥头状花序。主要产于安徽、浙江、河南、四川、河北、山东等地。秋末冬初当花正开时割取全株，阴干，摘花，晒干，或直接采摘鲜花，除去枝叶，烘干或蒸后晒干入药。药用分白菊花和黄菊花。

图 2-96　菊花

◆ 形态特征

生活型：多年生草本，高达 60～150 cm。

茎：茎直立，分枝或不分枝，被柔毛。

叶：叶呈卵形至披针形，长为 5～15 cm，羽状浅裂或半裂，有短柄，叶下面被白色短柔毛。

花：头状花序直径为 2.5～20 cm，大小不一。总苞片多层，外层外面被柔毛。舌状花颜色各种。管状花呈黄色。

◆ 性味、归经

甘、苦，微寒。入肺、肝经。

◆ 功效

疏散风热,清肝明目,消疮解毒。

◆ 成分

含挥发油,主要为龙脑、樟脑、菊油环酮,还含木犀草素-7-葡萄糖苷、大波斯菊苷、刺槐苷、芹菜素、槲皮苷、木犀草素、百里香酚、二十一烷、二十三烷、二十六烷,以及糖类及氨基酸等。

◆ 药理

具有抗菌、抗病毒、抗疟、延缓衰老、抗诱变作用;还有增加冠脉流量和提高心肌耗氧量、降低血脂等作用。

◆ 用量

马、牛:15～60 g;驼:30～60 g;猪、羊:5～15 g;犬:3～8 g;兔、禽:1.5～3 g。

◆ 应用研究

(1) 野菊花、松针粉各 40%,陈皮、金银花、蒲公英、甘草、板蓝根、党参、当归、益母草、黄芪、淫羊藿各 2%,粉碎混匀,在蛋鸡基础日粮中添加 1%的药粉,产蛋率可提高 4.2%,死淘率降低 1.2%,而且鸡蛋的蛋白质含量增加 23.1%,碘、锌含量比对照组高 11.8 μg/kg 和 1.4 mg/kg。

(2) 蛋鸡饲料中加入 2%～5%的野菊花粉,可提高蛋黄颜色,还能预防球虫病和眼病。

(3) 鸡、兔饲料中加入 2%～3%的菊花干粉,具有抗菌、杀球虫、保健、促生长作用。

白术

白术为菊科植物白术(*Atractylodes macrocephala* Koidz.)的干燥根茎。主要产于浙江、湖北、湖南、江西、福建、安徽等地。安徽阜阳、太和、界首、亳县、萧县、泗县、怀远等地的药圃有栽培。秋季采收,去净泥土及地上部分,晒干或烘干。用时经水或米泔水浸软切片。生用或麸炒、土炒用;炒至黑褐色者叫"焦术"。

图 2-97　白术

◆ 形态特征

生活型：多年生草本。

茎：茎无毛。

叶：中下部茎生叶 3～5 羽状全裂，侧裂片 1～2 对，呈倒披针形、长椭圆形或椭圆形；中部茎生叶呈椭圆形或长椭圆形，无柄；或大部茎生叶不裂；叶纸质，两面呈绿色。

花：头状花序单生茎枝顶端；苞叶呈绿色，长为 3～4 cm，针刺状羽状全裂；总苞径为 3～4 cm，呈宽钟状，总苞片 9～10 层，外层及中外层呈长卵形或三角形，中层呈披针形或椭圆状披针形，最内层呈宽线形；苞片先端钝；小花呈紫红色。

果：瘦果呈倒圆锥状，密被白色长直毛；冠毛刚毛呈羽毛状，污白色。

◆ 性味、归经

甘、苦，温。入脾、胃经。

◆ 功效

补脾益气，燥湿利水，固表止汗。

◆ 成分

含白术内酯 A 和白术内酯 B、桉叶醇、茅术醇、棕榈酸等挥发油成分，苍术内酯 Ⅰ、苍术内酯 Ⅱ、苍术内酯 Ⅲ、β-乙氧基苍术内酯-Ⅱ 等倍半萜内酯类成分，东莨菪素、14-乙酰基-12-千里光酰基-2E，8Z，10E-白术三醇、果糖、菊糖、天冬氨酸等多种氨基酸，以及具免疫活性的甘露聚糖 AM-3。

◆ 药理

不仅具有增强机体免疫能力、利尿、抗氧化、抗肿瘤、降血糖、抗凝血、抗菌作用，还具有抗实验性胃溃疡、保肝利胆、扩张血管、镇静、松弛子宫平滑肌的作用。

◆ 用量

马、牛：20～60 g；猪、羊：10～15 g；犬、猫：5～8 g。

◆ 应用研究

（1）白术粉碎为细末，过 80 目筛，按 0.5%～1% 的比例掺于饲料中投喂，可显著增强动物食欲，提高其免疫功能。

（2）白术 60 g，生姜 30 g，水煎取汁，加红糖 100 g 喂服，可治疗猪胃肠炎。

（3）白术、干姜、党参、山药各 10 g，加水煎汁，候温灌服，可治疗猪腹泻。

（4）白术、黄芪、当归、党参、茯苓、陈皮、神曲组成"猪泻灵"方剂，水煎内服，对防治猪流行性腹泻效果显著。

红花

红花为菊科植物红花（*Carthamus tinctorius* L.）的花。全国各地多有栽培，主要产于四川、陕西、河北、山东、贵州等地。安徽亳州、泗县的药圃有栽培。夏季开花,当花色由黄色转为鲜红色时采摘,阴干。生用或微炒至红褐色用。

图 2-98　红花

◆ 形态特征

生活型:1 年生草本。

茎:茎枝无毛。

叶:中下部茎生叶呈披针形、卵状披针形或长椭圆形,长达 7～15 cm,边缘有锯齿或全缘,稀羽状深裂,齿端有针刺;向上的叶呈披针形,有锯齿;叶革质,两面无毛无腺点,半抱茎。

花:头状花序排成伞房花序,为苞叶所包,苞片呈椭圆形或卵状披针形,边缘有针刺或无针刺;总苞呈卵圆形,径为 2.5 cm,总苞片 4 层,无毛,外层呈竖琴状,中部或下部收缢,收缢以上叶质,呈绿色,边缘无针刺或有篦齿状针刺,先端渐尖,中内层硬膜质,呈倒披针状椭圆形或长倒披针形;小花为红色或橘红色,花丝上部无毛。

果:瘦果呈倒卵圆形,乳白色,无冠毛。

◆ 性味、归经

辛,温。入心、肝经。

◆ 功效

活血、祛瘀、止痛。

◆ 成分

含丙三醇呋喃阿拉伯糖吡喃葡萄糖苷,绿原酸,咖啡酸,儿茶酚,多巴,红花苷,红花黄色素 A、B,红花明苷 A,油酸,亚油酸,胡萝卜苷,还含挥发油,主要为乙酸乙酯、3-己醇、2-己醇等。

◆ 药理

具有抗血凝、降血脂,提高小鼠耐缺氧能力、免疫调节、兴奋子宫平滑肌等作用。另外,小剂量红花煎剂可使离体蟾蜍心脏和家兔在体心脏有轻度兴奋作用,而大剂量红花煎剂则有抑制作用;红花水提物静注,能增加麻醉犬冠脉流量,而醇提物仅略有增加或无作用。

◆ 用量

马、牛：25～30 g；猪、羊：6～10 g；犬：3～5 g。

◆ 应用研究

(1) 红花、辣椒、黄芪、女贞子等组成添加剂，按 1.2% 的比例添加于蛋鸡饲料中，产蛋率提高 9.64%，蛋黄色泽提高 2.13 级，鸡蛋破损率降低 12.9%，蛋壳重量有所提高。

(2) 红花、益母草、干姜、白芍、黄芩等组方，母牛产后 40 天每天灌服 250 g，试验组受胎率比对照组提高 22.2%，并可治疗母牛排卵障碍、隐性子宫内膜炎，缩短母牛空怀时间。

(3) 当归 50 g、川芎 30 g、生地 50 g、艾叶 30 g、益母草 90 g、阳起石 50 g、牛膝 20 g、红花 30 g，共研为细末，母猪每天按 50 g 拌料饲喂，可防治营养不良性不孕症。

蒲公英

蒲公英为菊科植物蒲公英（*Taraxacum mongolicum* Hand.-Mazz.）的全草。全国各地均产，生于荒地、路旁、林下、田野沟边或山坡草丛中。春、秋采收，洗净晒干。鲜用或生用。

图 2-99　蒲公英

◆ 形态特征

生活型：多年生草本。

叶：叶呈倒卵状披针形、倒披针形或长圆状披针形，长为 4～20 cm，边缘有时具波状齿或羽状深裂，有时倒向羽状深裂或大头羽状深裂，顶端裂片较大，呈三角形或三角状戟形，全缘或具齿，每侧裂片 3～5，裂片呈三角形或三角状披针形，通常具齿，平展或倒向，裂片间常生小齿，基部渐窄成叶柄，叶柄及主脉常带红紫色，疏被蛛丝状白色柔毛或几无毛。

花：花葶 1 个至数个，高为 10～25 cm，上部呈紫红色，密被总苞钟状，长为 1.2

～1.4 cm,淡绿色,总苞片为 2～3 层,外层呈卵状披针形或披针形,长为 0.8～1 cm,边缘宽膜质,基部呈淡绿色,上部呈紫红色,先端背面增厚或具角状突起;内层呈线状披针形,长为 1～1.6 cm,先端呈紫红色,背面具小角状突起。

果:瘦果呈倒卵状披针形,暗褐色,长一般为 4～5 mm,上部具小刺,下部具成行小瘤,顶端渐收缩成长约为 1 mm 的圆锥形或圆柱形喙基,喙长为 0.6～1 cm,纤细;冠毛呈白色,长约为 6 mm。

染色体:$2n = 24,32$。

◆ 性味、归经

苦、甘,寒。入肝、胃经。

◆ 功效

清热解毒,消肿散结。

◆ 成分

每 100 g 嫩叶含蛋白质 4.8 g、脂肪 1.1 g、碳水化合物 5 g、能量 204.8 kJ、粗纤维 2.1 g、灰分 3.1 g、钙 216 mg、磷 93 mg、铁 10.2 mg、胡萝卜素 7.35 mg、硫胺素 0.03 mg、核黄素 0.39 mg、尼克酸 1.9 mg、抗坏血酸 47 mg。全草含肌醇、天冬酰胺(asparamide)0.5%、苦味质、皂苷、树脂、菊糖(inulin)、果胶(pectin)、胆碱(choline)等。花含毛茛黄质(flavoxanthin)、维生素 B_2。根含多种三萜醇如蒲公英甾醇(taraxasterol)、蒲公英赛醇(tar-axerol)、蒲公英苦素(taraxacin)及咖啡酸。

◆ 药理

具有抗病原微生物、抗肿瘤、抗胃溃疡、利胆及保肝作用。

◆ 用量

马、牛:20～60 g;猪、羊:6～12 g;犬:3～6 g;兔、禽:1.5～3 g。外用鲜品适量。

◆ 应用研究

(1) 王不留行 20%、蒲公英 15%、神曲 15%、栝楼 10%、黄芪 10%、萹蓄 10%、大茴香 10%、碳酸氢钠 10%,组成配方,每头奶牛每天按 50 g 添加,奶山羊、母猪按 10 g 添加,经 30 天添加饲喂,奶牛均产奶量增加 4.1 kg,奶山羊增加 1.5 kg;哺乳母猪添加 6 天后,泌乳时增加,并对隐性乳房炎有良好的防治效果。

(2) 蒲公英 50～100 g,加水 500 mL 煎汁,初生羔羊每次 20 mL,加入 3～4 滴初乳灌服,可有效地预防羔羊腹泻。已发病羔羊日灌 3 次,3 天可痊愈。

(3) 蒲公英 500 g,桔梗 300 g,鱼腥草 450 g,旱莲草 500 g,紫苏 450 g,薄荷 250 g,煎汁拌料,用于鸡曲霉菌病。

第二节　单子叶植物纲

43. 泽泻科 Alismataceae

泽泻

泽泻为泽泻科植物泽泻（*Alisma plantago-aquatica* L. var. *orientale* Samuels.）的干燥球茎。主要产于四川、福建、江西等地。安徽阜南、阜阳、利辛、太和可见。均系栽培，生于池沼、水田、水沟边，冬季采挖，洗净，除去茎叶和须根，微火烘干，再撞去粗皮。切片生用或麸炒、盐炒用。

图 2-100　泽泻

◆ 形态特征

生活型：多年生水生或沼生草本。

茎：块茎直径为 1～3.5 cm，或更大。

叶：叶通常多数；沉水叶呈条形或披针形；挺水叶呈宽披针形、椭圆形至卵形，长为 2～11 cm，宽为 1.3～7 cm，先端渐尖，稀急尖，基部呈宽楔形、浅心形，叶脉通常 5 条，叶柄长为 1.5～30 cm，基部渐宽，边缘膜质。

花:花两性,花梗长为 1~3.5 cm;外轮花被片呈广卵形,长为 2.5~3.5 mm,宽为 2~3 mm,通常具 7 脉,边缘膜质,内轮花被片近圆形,远大于外轮,边缘具不规则粗齿,呈白色、粉红色或浅紫色;心皮有 17~23 枚,排列整齐,花柱直立,长为 7~15 mm,长于心皮,柱头短,为花柱的 1/9~1/5;花丝长为 1.5~1.7 mm,基部宽约为 0.5 mm,花药长约为 1 mm,呈椭圆形,为黄色或淡绿色;花托平凸,高约为 0.3 mm,近圆形。

果:瘦果呈椭圆形,或近矩圆形,长约为 2.5 mm,宽约为 1.5 mm,背部具 1~2 条不明显浅沟,下部平,果喙自腹侧伸出,喙基部凸起,膜质。

种子:种子呈紫褐色,具凸起。

染色体:$2n = 14$。

◆ 性味、归经

甘、淡,寒。入肾、膀胱经。

◆ 功效

利水渗湿,清泻湿热。

◆ 成分

含泽泻醇 A、B、C、D、E、F、G,表泽泻醇 A,泽泻醇 B23-乙酸酯,泽泻达玛烯醇 A,泽泻苷,大黄素等。还含硬脂酸,甘油醇-1-硬脂酸酯,三十烷,胆碱,植物凝集素及泽泻多糖 PH、PIF 等。

◆ 药理

具有利尿、降血脂、抗脂肪肝、减肥、抗炎、降血压等作用。

◆ 用量

马、牛:15~45 g;猪、羊:9~15 g;犬:5~8 g;兔、禽:0.5~1 g。

◆ 应用研究

(1) 王不留行、三棱、通草、川芎、麦冬、地榆、猪苓、蒲公英、党参、茜草、甘草、大青、花粉、莪术各 25 g,谷芽 30 g,泽泻 20 g,水煎取汁,拌料,从母猪产仔后第 2 天开始,连喂 2 次,以后每隔 10~15 天喂 1 剂,仔猪成活率达 99%,喂药仔猪平均每窝重比不喂药增加 50 kg 左右。

(2) 茵陈、大黄、茯苓、白术、泽泻、车前子、白花蛇舌草、半枝莲、生地、生姜、半夏、桂枝、白芥子,共研为细末,按 1% 的比例添加到饲料中,可治疗湿热型(慢性)禽霍乱。

44. 百合科 Liliaceae

芦荟和芦荟叶

芦荟为百合科植物库拉索芦荟(*Aloe barbadensis* Mill.)及好望角芦荟(*A.*

ferox Mill.)等叶中的液汁经浓缩的干燥物。前者可称"老芦荟"，后者可称"新芦荟"。主要产于非洲。我国也有栽培。安徽阜阳、亳州、淮北、宿县有温室栽培。全年可割取植物的叶片，收集其流出的汁液，放锅内熬成稠膏，倾入容器，冷却凝固即得。

图 2-101　芦荟

◆ 形态特征

生活型：多年生草本，茎短，株高约为 50 cm。

茎：茎较短。

叶：叶簇生，肉质，呈粉绿色，条状，先端渐尖，基部宽阔，边缘疏生刺状小齿，长为 20～40 cm。

花：花葶高为 60～90 cm，总状花序，苞片近披针形，花呈淡黄色。

果：蒴果。

◆ 性味、归经

苦，寒。入肝、胃、大肠经。

◆ 功效

泻热导滞。

◆ 成分

库拉索芦荟叶含芦荟大黄素苷约 25% 及少量的异芦荟大黄素苷、芦荟大黄素、β-芦荟大黄素苷、树脂和微量挥发油等，树脂为芦荟树脂鞣酚与桂皮酸结合的酯；还含对香豆酸、葡萄糖、蛋白质及草酸钙。好望角芦荟叶含芦荟大黄素苷 9% 及异芦荟大黄素苷、树脂，树脂为好望角树脂鞣酚与对羟基桂皮酸结合的酯。

◆ 药理

具有泻下、增强免疫、抗肿瘤、抗菌、降压、保肝、抗胃溃疡作用；对一些皮肤局部缺血有治疗作用；还有缩短凝血时间、促进胃液分泌等作用。

◆ 用量

马、牛：20～35 g；猪、羊：3～7 g；犬：1～3 g。只做丸散剂，不宜煎汤。

◆ 应用研究

（1）芦荟粉为细末，过 80 目筛，按 0.1% 的比例掺于宠物饲料中投喂，可有效促进脂肪代谢，防治肥胖症；按 0.5% 的比例掺于家兔饲料中投喂，可防治便秘。

（2）鲜芦荟叶绞成糊状，按 0.1% 的比例掺于宠物饲料中投喂，可清热通便，防治肥胖症。

（3）芦荟中所含的芦荟大黄素苷，可在肠管中释放出大黄素，发挥刺激性泻下作用。

黄精

黄精为百合科植物滇黄精（*P. kingiantum* Coll. et Hemsel.）、黄精（*Polygonatum sibiricum* Red-oute）、囊丝黄精（*P. cyrtonema* Hua.）等的根茎。滇黄精主要产于贵州、云南、广西等地，商品称大黄精；黄精主要产于河北、内蒙古、辽宁、吉林、黑龙江、山东、山西、河南、安徽等地，商品称鸡头黄精；囊丝黄精主要产于贵州、湖南、四川、湖北、安徽、浙江等地，商品称姜形黄精。栽培 3～4 年，9～10 月地上部分枯萎后，挖掘根茎，洗净，置蒸笼内蒸至透心，边晒或边烘、边揉至全干。用鲜、蒸或酒黄精。

图 2-102　黄精

◆ 形态特征

茎：根状茎呈圆柱状，节膨大，节间一头粗、一头细，粗头有短分枝，径为 1～2 cm。

叶：叶 4～6 枚轮生，呈线状披针形，长为 8～15 cm，宽为 0.4～1.6 cm，先端拳卷或弯曲。

花：花序常具 2～4 花，成伞状，花序梗长为 1～2 cm；花梗长为 0.3～1 cm，俯垂；苞片生于花梗基部，膜质，呈钻形或线状披针形，长为 3～5 mm，具 1 脉；花被呈乳白或淡黄色，长为 0.9～1.2 cm，花被筒中部稍缢缩，裂片长约为 4 mm；花丝长为 0.5～1 mm，花药长为 2～3 mm；子房长约为 3 mm，花柱长为 5～7 mm。

果:浆果径为 0.7～1 cm,成熟时呈黑色,具 4～7 种子。

染色体:$2n = 20,21,24(a),26,28,36$。

◆ 性味、归经

甘,平。入脾、肺、肾经。

◆ 功效

补中益气,润肺养阴,强筋壮骨。

◆ 成分

含甾体皂苷,如黄精苷 A、14α-羟基黄精苷 A、黄精苷 B、新巴拉次薯蓣皂苷元 A-3-O-3-石蒜四糖苷;又含黄精多糖 A、B、C,黄精低聚糖 A、B、C,囊丝黄精含天冬氨酸、高丝氨酸、二氨基丁酸、毛地黄糖苷以及多种蒽醌类化合物。还含黄精凝集素Ⅱ。

◆ 药理

具有降血脂、提高机体免疫力、抗微生物、增加冠脉流量等作用。

◆ 用量

马、牛:15～60 g;驼:30～100 g;猪、羊:9～18 g;犬:5～10 g;兔、禽:1～3 g。

◆ 应用研究

(1) 黄精、制首乌、麦芽制成复方添加剂,按 2%的比例添加于生长育肥猪日粮中,饲喂 60 天,每头猪平均日增重 130 g。

(2) 黄精 500 g、当归 300 g、茯神 300 g、黄芪 500 g、白术 400 g、女贞子 200 g、山楂 600 g、苍术 400 g、郁金 300 g、贯众 100 g、柴胡 400 g,按日粮的 1%添加饲喂断奶仔猪,可明显提高其成活率和增重率。

(3) 黄精 100 g、薏米 300 g、沙参 40 g,水煎取汁,喂牛,连用 3～5 剂,可使耕牛肥壮。

韭菜和韭菜子

韭菜和韭菜子为百合科植物韭菜(*Allium tuberosum* Rottl. ex Spreng)的叶片和干燥成熟种子。原产于亚洲东南部,全国各地普遍栽培。叶片春夏可收割3～4 次,每隔 20～40 天收获 1 次,入秋后收割韭菜种子。鲜用或炒用。

◆ 形态特征

鳞茎小,近圆柱形;叶宽不及 8 mm;内轮花丝基部扩大部分全缘。花呈白色;花被片先端具短尖;花丝短于花被片,合生之基部无齿片。叶扁平,宽为 2～8 mm,实心;花被片先端生小尖头;内轮花丝分离部分呈狭三角形。

◆ 性味、归经

辛,温。入肝、胃经。

图 2-103　韭菜

◆ 功效

散瘀,行气,止血,消肿。

◆ 成分

叶含大蒜辣素、蒜氨、丙氨酸、天冬氨酸、缬氨酸、β-胡萝卜素、维生素 K_1 等,还含挥发油,主要为二甲基二硫化物、二甲基四硫化物。地上部分含 36 种挥发性成分,大部分为硫化物,主要有 2-丙烯-1-醇、甲苯等。

◆ 药理

具有兴奋神经系统、降压、降低红细胞及血色素、兴奋子宫平滑肌、抗菌等作用。

◆ 用量

马、牛:120～250 g;猪、羊:60～120 g;犬:30～60 g。

◆ 应用研究

(1)韭菜籽 60 g,甜酒曲 30～120 g,霜桑叶 10～30 g,共研为细末,白酒调服;或韭菜、红糖各 250～500 g 煮熟,黄酒为引喂服,治疗母畜不孕、母畜宫寒、公畜阳痿、滑精。种公畜经常饲喂鲜韭菜,能提高其配种能力。

(2)韭菜、大葱、生姜、苦参、胡椒、紫苏叶、椿树叶,共研细末,炒至半熟,混合饲喂,治疗母猪不孕。

(3)用韭菜 1500 g 捣烂,冲入 4000 mL 开水,候温灌服,每天 1 剂,连服 3 剂,治疗牛肥胖不孕;在耕牛配种季节灌服,效果更好。

(4)韭菜 250～500 g 饲喂公猪,可提高其性功能和精子活力。家兔、家禽及鱼类均可使用。

大蒜

大蒜为百合科植物大蒜(*Allium sativum* L.)的鳞茎。全国各地均有人工栽培。春夏季采收,扎把,悬挂通风处,阴干。去皮捣碎用。

图 2-104 大蒜

◆ 形态特征

茎:鳞茎单生,呈球状或扁球状,常由多数小鳞茎组成,外为数层鳞茎外皮包被,外皮呈白或紫色,膜质,不裂。

叶:叶呈宽线形或线状披针形,短于花葶,宽达 2.5 cm。

花:花梗纤细,长于花被片;小苞片膜质,呈卵形,具短尖;花常呈淡红色;内轮花被呈片卵形,长为 3 mm,外轮呈卵状披针形,长为 4 mm,长于内轮;花丝短于花被片,基部合生并与花被片贴生,内轮基部扩大,其扩大部分两侧具齿,齿端呈长丝状,比花被片长,外轮呈锥形;子房呈球形;花柱不伸出花被。

染色体:$2n = 16,48$。

◆ 性味、归经

辛,温。入胃、大肠经。

◆ 功效

驱虫,止痢,消疮。

◆ 成分

鲜大蒜每 100 g 中含蛋白质 4.4 g、脂肪 0.2 g、碳水化合物 23 g、粗纤维 0.7 g、灰分 1.3 g、钙 5 mg、磷 44 mg,铁 0.4 mg、硫胺素 0.24 mg、核黄素 0.03 mg、尼克酸 0.9 mg、抗坏血酸 3 mg。人工低温脱水干燥的大蒜含水分 9.04%、粗蛋白质 15.4%、粗脂肪 1.22%、粗纤维 4.48%、无氮浸出物 64.04%、灰分 5.82%、钙 0.43%、磷 0.35%;含挥发油 0.2%,为蒜素、大蒜辣素、多种烯丙基、丙基和甲基组成的硫醚化合物;还含维生素 A、维生素 B_1、维生素 B_2、铁等。

◆ 药理

具有抗菌、抗病毒及抗原虫,降血压、降血脂、抗动脉粥样硬化、抑制血小板聚集及溶栓、抗肿瘤、保肝、增强免疫功能等作用。0.15 mg/mL 大蒜提取物可杀灭流感病毒 B,0.015 mg/mL 可杀灭疱疹单病毒,对巨细胞病毒亦有抑制作用。

◆ 用量

马、牛:60～120 g;猪、羊:15～30 g;犬、猫:8～15 g;每千克鱼按 10～30 g,拌饵投喂。

◆ 应用研究

(1) 在雏鸡日粮中添加 2%的大蒜预混剂,鸡成活率提高 3.25%～15.55%。

(2) 大蒜头 0.25 kg,加入食盐 100 g,混合拌匀,每 50 kg 的草鱼或青鱼按 2 kg 的量拌入饲料,连续投喂 3～6 天,可治鱼肠炎。

(3) 每 5 kg 甲鱼全价饲料,拌 50 g 捣烂的大蒜头和 10 g 抗生素粉,另加 10 mL "鳖宝",再另加 100～150 g 黏合剂,投喂于食台上,连续使用 5～6 天,可治疗甲鱼腐和皮穿孔病。

(4) 在鲤鱼饵料中加 100 mg/kg 合成大蒜素,鲤鱼成活率可提高 2.5%,鲤鱼增重率提高 14.3%,饲料转化率提高 5.5%。

(5) 0.08%的大蒜油能提高草鱼成活率 15%,使罗非鱼增重 10%。

百合

百合为百合科植物百合(*Lilium brownii* var. *viriddulum colchesteri* Baker)、卷丹(*Lilium lancifolium* Thumb.)或细叶百合(*Lilium pumilum* DC.)的鳞茎。全国各地均产。秋季茎叶枯萎时采挖,洗净,剥取鳞片,沸水烫过,或略蒸过晒干或烘干。生用或蜜炙用。

◆ 性味、归经

甘,微寒。入心、肺经。

◆ 功效

润肺止咳,清心安神。

◆ 成分

含百合皂苷,去酰百合皂苷,岷江百合苷 A. D,1-O-阿魏酰甘油、1-O-对-香豆酰甘油等。

图 2-105　百合

◆ 药理

煎剂对氨水引起的小鼠咳嗽有止咳作用,小鼠肺灌流使流量增加,还有升高外周血白细胞的作用。对强的松龙所致的肾上腺皮质功能衰竭有显著的保护作用;能显著抑制 2,4-二硝基氯苯所致小白鼠迟发型过敏反应;能明显地延长小鼠的游泳时间,具有抗疲劳效能;能显著地延长小鼠耐常压缺氧时间;对异丙肾上腺素所致心肌耗氧增加,能延长耐缺氧时间。

◆ 用量

马、牛:30～60 g;猪、羊:5～10 g;犬:3～5 g。

◆ 应用研究

(1) 干百合研成细粉,体重为 50 kg 的猪每次用 15 g 干百合粉拌料饲喂,每天 3 次,或按饲料的 1%均匀拌喂,连喂 10 天后,猪的食欲增加、皱皮舒展、毛色油亮,试验组比对照组平均增重 15 kg,且比对照组提前 20 出栏。

(2) 百合、生地、熟地、麦冬、当归、白芍、玄参、桔梗各 60 g,贝母、甘草各 50 g,水煎服,可治疗大家畜肺阴虚干咳。

麦冬

麦冬为百合科植物麦冬[*Ophiopogon japonicus*(L. f.) Ker-Gawl.]或大麦冬(*Liriope spicata* Lour.)的干燥块根。全国大多数地区均有分布。主要产于四川、浙江、湖北等地。夏季采挖,洗净,除去须根,晒干。生用。

图 2-106　麦冬

◆ 形态特征

生活型:植株矮小,叶长为5～10 cm,宽为1～2.5 mm;花葶长为5～8 cm;花被黄色,稍带红色等特征,不同于沿阶草。

根:根纤细,近末端具纺锤形小块根。

茎:地下走茎长,径为1～2 mm。

叶:叶基生成丛,禾叶状,长为20～40 cm,宽为2～4 mm。

花:花葶较叶稍短或几等长,总状花序长为1～7 cm,具几朵至十余朵花,花常单生或2朵生于苞片腋内,苞片呈线形或披针形,稍黄色,半透明,最下面的长约为7 mm;花梗长为5～8 mm,关节生于中部;花被片呈卵状披针形、披针形或近长圆形,长为4～6 mm,内轮3片宽于外轮3片,呈白色或淡紫色;花丝长不及1 mm;花药呈窄披针形,长约为2.5 mm,常绿黄色;花柱细,长为4～5 mm。

种子:种子呈近球形或椭圆形,径为5～6 mm。

◆ 性味、归经

甘、微苦,微寒。入肺、胃、心经。

◆ 功效

润肺止咳,养胃生津。

◆ 成分

含麦冬皂苷 A、麦冬皂苷 B、麦冬皂苷 B′、麦冬皂苷 C、麦冬皂苷 C′、麦冬皂苷 D、麦冬皂苷 D′、薯蓣皂苷元、麦冬苷元、龙脑的糖苷。还含有甲基麦冬黄烷酮 A、甲基麦冬黄烷酮 B、麦冬黄烷酮 A、麦冬黄烷酮 B、6-醛基异麦冬黄烷酮 A、6-醛基异麦冬黄烷酮 B 等。

◆ 药理

具有增强免疫功能、提高耐缺氧能力、镇静、抗菌等作用,能抗心律失常、缩小心肌梗死的梗死范围、增加心肌营养性血流量。水浸液可升高血糖,但其水、醇提取物有降糖作用,此外还可以抑制胃肠蠕动。每千克小鼠腹腔按12.5 g注射麦冬,能极显著增加脾脏重量、增强巨噬细胞的吞噬作用和对抗由环磷酰胺引起的小鼠白细胞减少。

◆ 用量

马、牛:30~60 g;猪、羊:10~15 g;犬:5~8 g。

◆ 应用研究

(1)麦冬、天门冬、知母、贝母、百合、米仁、车前子、紫苏子,共研为细末,蜂蜜调服,可用于治疗牛马息痨病。

(2)石菖蒲、胆南星、党参、麦冬、苍术各等份,水煎汁液饮用,每千克体重用药1~2 g,可有效治疗鸡的大肠杆菌病。

(3)麦冬100 g、麻黄50 g,共研为细末,每头猪每天添加30 g拌料饲喂,连喂5天为一个疗程,治疗3000头猪气喘病猪,收效均佳。

川贝母

川贝母为百合科植物川贝母(*Fritillaria cirrhosa* D. Don)、暗紫贝母(*Fritillaria unibracteata* Hsiao et K. C. Hsia)、甘肃贝母(*Fritillaria przewalskii* Maxim.)或梭砂贝母(*Fritillaria dela-vayi* Franch.)的干燥鳞茎。前三者按性状不同分别习称"松贝"和"青贝",后者习称"炉贝"。主要产于四川、西藏、云南、青海等地,安徽有栽培。栽种2~3年后,于7~8月挖掘鳞茎,按大、小分级,洗净,除去虫斑和病斑的鳞茎,装入筐或麻布袋内,来回撞击3~5 min,置席上曝晒至黄色时,反复几次,稍洗,将大号贝切片,中号贝分瓣,用硫黄熏白。

图 2-107　川贝母

续图 2-107　川贝母

◆ 形态特征

株:植株高达 60 cm。

茎:鳞茎呈球形或宽卵圆形,径为 1~2 cm。

叶:叶常对生,少数在中、上部兼有散生或 3~4 枚轮生,呈线形或线状披针形,长为 4~12 cm,宽形,长为 3~5 mm,离花被片基部为 4~8 mm;花丝无小乳突或稍具乳突;柱头裂片长为 3~5 mm。

果:蒴果棱上具窄翅。

◆ 性味、归经

苦、甘,微寒。入心、肺经。

◆ 功效

清热润肺,止咳化痰。

◆ 成分

(1) 暗紫贝母含生物碱:松贝辛(songbeisine)、松贝甲素(songbeinine),还含蔗糖、硬脂酸(stearicacid)、棕榈酸(palmiticacid)、β-谷甾醇(β-itosterol)。

(2) 卷叶贝母含生物碱:川贝碱(fritimine)、西贝素(sipeimine)等。

(3) 甘肃贝母含生物碱:岷贝碱甲(minpeimine)、岷贝碱乙(minpeiminine)、川贝酮碱、西贝素。

(4) 棱砂贝母含生物碱:棱砂贝母碱(delavine)、棱砂贝母酮碱(delavinone)、西贝母碱(imperialine)等。

◆ 药理

具有镇咳平喘、降血压、抗菌、使血糖升高等作用。

◆ 用量

马、牛:15~30 g;猪、羊:3~10 g;犬、猫:1~2 g;兔、禽:0.5~1 g。

◆ 应用研究

(1) 桔梗 180 g、大青叶 150 g、荆芥 100 g、旋覆花 150 g、山豆根 200 g、杏仁 150 g、

紫菀 100 g、贝母 200 g、桑白皮 150 g、甘草 80 g、射干 150 g、盘龙参 200 g、杜仲 100 g，粉碎，混匀，每只鸡每天按 1 g 拌料饲喂（对症状严重者开水冲泡，药液饮水，药渣拌料），用于鸡的咳喘症，包括传染性支气管炎、传染性喉气管炎、霉形体病等。

（2）梨 2000 g，川贝母 60 g，共捣混饲，用于肺热咳嗽。

（3）百合、生地、熟地、麦冬、当归、白芍、玄参、桔梗各 60 g，贝母、甘草各 50 g，共研细末，水煎或开水冲服，每天 1 剂，连用 4 剂，可用于治疗牛肺阴虚咳。

（4）连翘 50 g、金银花 50 g、芦根 75 g、荆芥 30 g、桔梗 30 g、贝母 35 g、薄荷 25 g、黄芩 35 g、瓜蒌 70 g、杏仁 35 g、豆豉 30 g、竹叶 30 g，共研为细末，水煎或开水冲服，可用于治疗牛风热感冒咳嗽。

45. 百部科 Stemonaceae

直立百部

直立百部为百部科植物直立百部 [*Stemona sessilifolia*（Miq.）Franch. et Savat]、蔓生百部 [*Stemona japonica*（BI.）Miq.] 或对叶百部（*Stemona tuberosa* Lour.）的块根。直立百部和蔓生百部主要产于安徽、江苏、浙江、湖北、山东等地，通称"小百部"；对叶百部主要产于湖北、广东、福建、四川、贵州等省，通称"大百部"。栽种 2～3 年，秋季地上部分枯萎至翌春出苗前挖掘根部，洗净，除去须根，置沸水中煮到水再开时，立即捞出，晒干。

图 2-108　直立百部

◆ 形态特征

生活型：亚灌木。

根：块根呈纺锤状，径约为 1 cm。

茎：茎直立，高达 60 cm，不分枝。

叶：叶常 2～5 轮生，呈卵状椭圆形或卵状披针形，长为 3.5～6 cm，先端锐尖，基部收窄为短柄或近无柄。

花：花梗外伸，长约为 1 cm，中上部具关节；花斜举，花被片长为 1～1.5 cm，宽为2~3 mm,呈淡绿色;雄蕊呈紫红色,花丝短,花药长约为3.5 mm,顶端附属物与花药等长或稍短;子房呈三角状卵形。

◆ 性味、归经

苦、微甘,微温。入肺经。

◆ 功效

润肺止咳,灭虱杀虫。

◆ 成分

直立百部含原百部碱、百部定碱、异百部定碱、对叶百部碱、霍多林碱、直立百部碱。蔓生百部含多种生物碱,包括百部碱、原百部碱、蔓生百部碱、异蔓生百部碱、百部定碱、异百部定碱、百部酰胺、异百部酰胺、二去氢原百部碱、异原百部碱、新百部碱、百部二醇碱。对叶百部含滇百部碱、异滇百部碱、对叶百部宁醇碱、百部宁酰胺、新对叶百部碱、对叶百部醇、百部次碱等。另含甲酸、乙酸、苹果酸、枸橼酸、琥珀酸、草酸、3,5-二羟基-4-甲基联苯等。

◆ 药理

具有镇咳祛痰、抗病原微生物、杀虫作用;百部生物碱提取液对组胺所致离体豚鼠支气管平滑肌痉挛有松弛作用。

◆ 用量

马、牛:15~60 g;猪、羊:6~12 g;犬、猫:3~6 g。

◆ 应用研究

(1) 贯仲、百部各30 g,或槟榔30 g,木香3 g,煎水拌料,早晨分2次给僵猪空腹投服,可治疗寄生虫性僵猪。

(2) 由麻黄、百部、射干、熟地等中草药制成喉爽冲剂,治疗产蛋鸡喉气管炎,试验组产蛋率提高15%,而对照组产蛋率下降3%,差异极显著。

(3) 薄荷5 g、白芷5 g、杏仁5 g、桔梗5 g、金银花8 g、连翘8 g、前胡9 g、紫菀7 g、百部6 g,水煎服,可治疗犬咳嗽。1剂后,犬咳嗽明显减轻;3剂后,犬咳嗽痊愈。

46. 禾本科 Poaceae(Gramineae)

大麦

大麦为禾本科植物大麦(*Hordeum vulgare* L.)的成熟果实经发芽干燥而成。全国各地均产。以成熟大麦,水浸约1天,捞起篓装或布包,经常洒水至发短芽,晒干。生用,炒用或炒焦用。麦芽入药,有消食健胃功用,秆为编织及造纸原料;颖果为制啤酒及麦芽糖原料,也为食用或饲料。

◆ 形态特征

生活型:秆粗壮,直立。

图 2-109　大麦

株:高达 0.5～1 m,无毛。

茎:秆粗壮,直立,高达 0.5～1 m,无毛。

叶:叶鞘松散抱茎,无毛或基部者被柔毛;叶耳呈披针形;叶舌膜质,长为 1～2 mm;叶长为 5～20 cm,宽为 0.4～2 cm。

花:穗状花序稠密,长为 3～8 cm(芒除外),径约为 1.5 cm;穗轴每节着生 3 枚发育小穗;小穗无柄,长为 1～1.5 cm;颖条状披针形,被柔毛,先端芒长为 0.8～1.4 cm;外稃呈长圆形,长为 1～1.1 cm,5 脉,芒边棱具细刺,长为 0.8～1.5 cm;内稃与外稃几等长。

果:颖果成熟时与稃体粘着,不易分离。

染色体:$2n=14$。

◆ 性味、归经

甘,平。入脾、胃经。

◆ 功效

消食和中,回乳。

◆ 成分

含淀粉酶、转化糖酶、维生素 B、脂肪、磷脂、糊精、麦芽糖、葡萄糖、蛋白质、麦芽毒素(0.02%～0.35%),还含淀粉水解酶、蛋白分解酶、淀粉、α-维生素 E 醌(α-生育酚醌)、α-塔可三分烯醇、碳-葡萄糖基黄酮等成分。

◆ 药理

对胃酸与胃蛋白酶的分泌似有轻度抑制等作用;生麦芽不仅具有催乳作用,制麦芽则作用减弱,也有报道称,麦芽具回乳和催乳双向作用,还具有降血糖、抑制血小板聚集、降血脂、保肝作用。

◆ 用量

马、牛:20～60 g;猪、羊:10～15 g;犬:5～8 g;兔、禽:1.5～5 g。

◆ 应用研究

（1）在哺乳仔猪、断奶仔猪、僵猪的日粮中添加 4% 的麦芽粉，增重率分别提高 2.3%、15.3% 和 56.4%。

（2）在仔猪饲料中添加 4% 的麦芽，可使其增重提高 28.5%，饲料转化率提高 15.86%。

（3）断奶仔猪日粮中添加 2% 的麦芽和 0.5% 的陈皮，饲喂 25 天，试验组仔猪食欲增强、皮毛光亮、安静肯睡，消化不良和仔猪白痢的发病率下降，日增重极显著提高，饲料报酬提高 14.4%。

（4）麦芽 30 g，山楂、苍术、陈皮、槟榔、神曲各 10 g，川芎、甘草各 6 g，木通 8 g，共研为细末，拌入早餐饲料中，每头猪 1 剂，每周 1 次，可使猪平均日增重提高 230 g 以上，每增重 1 kg，消耗的混合料由 5.2 kg 降至 4.2 kg。

（5）麦芽 20 g、山楂 20 g、陈皮 10 g、苍术 10 g、黄精 10 g、白头翁 10 g、大蒜 5 g、地榆 5 g、板蓝根 10 g、生姜 10 g，混合粉碎，在 60～69 日龄、体重为 11～16 kg 的健康约克夏断奶仔猪的基础日粮中添加 1%，饲喂 30 天后，试验组仔猪比对照组多增重 17.9%，料肉比降低 9.27%。

（6）大麦芽 40%、陈皮 20%、白萝卜籽 20%、神曲 20%，粉碎混匀，每天在育肥猪饲料中添加 40 g 粉末，日增重达 1 kg 以上。

（7）大麦芽 80%、何首乌 10%、贯众 10%，粉碎拌匀，在猪日粮中添加 5% 的粉末，日增重可提高 20%～25%。

（8）麦芽 50 份、鸡内金 20 份、赤小豆 20 份、芒硝 10 份，共研细末，每只兔每天添加 5 g 细末，添加 2.5 个月，试验组比对照组多增重 500 g。

（9）麦芽（炒）20 g、党参 10 g、黄芪 20 g、茯苓 20 g、六神曲（炒）10 g、山楂（炒）5 g，每 100 kg 肉鸡饲料中加 2 kg 混料，连喂 3～7 天，可提高鸡的体重。

47. 莎草科 Cyperaceae

香附

香附为莎草科植物莎草（香附子）（*Cyperus rotundus* L.）的干燥块茎。因其根茎相附连续而生，可以制香料，故名。我国分布极广，产量甚大。主要产于广东、河南、四川、浙江、山东等地。生于荒地、田间、路边、池沼、湿地。安徽颍上、阜南、临泉、利辛、太和、界首、亳县、涡阳、蒙城、宿县、灵璧、泗县、五河、固镇、怀远等地可见。9～10 月采收，挖取根茎，洗净，晒干，烧去须根。生用、醋炒或炒炭用。另有以黄酒或醋同煮，名制香附；以酒、盐、姜汁、童便分次制炒者，名四制香附。

图 2-110 香附子和香附

◆ 形态特征

茎:秆高为 15～95 cm,稍细,呈锐二棱状,基部呈块茎状。

叶:叶稍多,短于秆,宽为 2～5 mm,平展;叶鞘呈棕色,常裂成纤维状。

花:小穗斜展,呈线形,长为 1～3 cm,宽为 1.5～2 mm,具 8～28 朵花;小穗轴具白色透明较宽的翅;鳞片稍密覆瓦状排列,呈卵形或长圆状卵形,先端急尖或钝,长约为 3 mm,中间呈绿色,两侧呈紫红色或红棕色,5～7 脉;雄蕊 3,花药呈线形;花柱长,柱头 3,细长 6 小坚果呈长圆状倒卵形,三棱状,长为鳞片 1/3～2/5,具细点。

果:鳞片稍密覆瓦状排列,呈卵形或长圆状卵形,先端急尖或钝,长约为 3 mm,中间呈绿色,两侧呈紫红色或红棕色,5～7 脉;雄蕊 3,花药呈线形;花柱长,柱头 3,细长 6 小坚果呈长圆状倒卵形,三棱状,长为鳞片 1/3～2/5,具细点。

◆ 性味、归经

辛、微苦,微甘、平。入肝、脾、三焦经。

◆ 功效

理气解郁,散结止痛。

◆ 成分

根茎含广藿香烯酮(patchoulenone)、丁香烯-α 环氧化物(caryophyllenea-oxide)、10,12-过氧菖蒲烯(10,12-peroxycalamenene)、α-香附酮(α-cyperone)、香附醇酮

（cyperolone）、挥发油、葡萄糖、蔗糖、麦芽糖、果糖等。

◆ 药理

具有抗菌、消炎、祛痛、收缩子宫、镇静、抗肿瘤、强心及降压等作用。

◆ 用量

马、牛：30～60 g；猪、羊：10～15 g；兔、禽：1～3 g；犬：4～8 g。

◆ 应用研究

（1）香附、槟榔、苍术、草果、木香、陈皮等组成"健胃增奶散"按 1% 的量混入奶牛精料中，试验组比对照组平均增奶 0.6～1.3 kg。

（2）茯神、五味子、钩藤、黄芪、白术、香附、白芍、神曲、昆布等组方，按 1% 的比例添加至肉仔鸡的日粮中，自开食后投药至第 7 周末，第 8 周末称重，平均每只鸡增重 240 g，死亡率降低 6.5%。

48. 天南星科 Araceae

石菖蒲

石菖蒲为天南星科植物石菖蒲（*Acorus tatarinowii* Schott）的干燥根茎。我国黄河流域以南各省均有分布。早春采挖，去叶，洗净泥沙，晒干。切片生用或鲜用。

图 2-111　石菖蒲

◆ 形态特征

根茎芳香，粗为 2～5 mm，外部呈淡褐色，节间长为 3～5 mm，根肉质，具多数须根，根茎上部分枝甚密，植株因而成丛生状，分枝常被纤维状宿存叶基。叶无柄，叶片薄，基部两侧膜质叶鞘宽可达 5 mm，上延几达叶片中部，渐狭，脱落；叶片呈暗绿色，线形，长为 20～50 cm，基部对折，中部以上平展，宽为 7～13 mm，先端渐狭，无中肋，平行脉多数，稍隆起。花序柄腋生，长为 4～15 cm，呈三棱形。叶状佛焰苞长为 13～25 cm，为肉穗花序长的 2～5 倍或更长，稀近等长；肉穗花序呈圆柱状，长为 2.5～8.5 cm，粗为 4～7 mm，上部渐尖，直立或稍弯。花呈白色。成熟果序长为 7～8 cm，粗为可达 1 cm。幼果呈绿色，成熟时呈黄绿色或黄白色。花果期为

2～6月。

◆ 性味、归经

辛,温。入心、肝、胃经。

◆ 功效

宣窍豁痰,化湿和中。

◆ 成分

含挥发油 0.11%～0.42%,α、β 及 γ-细辛脑、顺-甲基异丁香油酚、榄香脂素、细辛醛、百里酚、肉豆蔻酸、石菖醚等。

◆ 药理

具有驱虫、抗心律失常、扩张血管、平喘、镇咳、镇静、抗惊厥、促进学习记忆、促进消化液分泌、促子宫收缩、降血脂、抗癌等作用。

◆ 用量

马、牛、驼:30～60 g;猪、羊:10～15 g;犬、猫:5～8 g;兔、禽:1～2 g。

◆ 应用研究

(1) 将石菖蒲研为细末,按 0.1%的比例添加到宠物饲料中投喂,可消除体臭,大幅度减轻粪尿等排泄物臭味。

(2) 何首乌 30%,白芍 25%,陈皮、神曲各 15%,石菖蒲 10%,山楂 5%,共研末混匀,按日粮的 1.5%拌料喂猪,可提高日增重和饲料报酬,提早出栏。

(3) 石菖蒲、龙胆草、陈皮各 80 g,共研为细末,每天 1 剂,连用 2～3 天,对牛前胃迟缓有良好疗效。

49. 姜科 Zingiberaceae

生姜

生姜为姜科植物姜(*Zingiber officinale* Rosc.)的根茎。我国各地均产。9～11 月间采挖,除去须根,洗净,切片生用或煨熟用。

◆ 形态特征

生活型:植株高达 1 m;根茎肥厚,多分枝,有芳香及辛辣味。

株:植株高达 1 m。

茎:根茎肥厚,多分枝,有芳香及辛辣味。

叶:叶呈披针形或线状披针形,长为 15～30 cm,宽为 2～2.5 cm,无毛;无柄,叶舌膜质,长为 2～4 mm。

花:花序梗长达 25 cm;穗状花序呈球形,长为 4～5 cm;苞片呈卵形,长约为 2.5 cm,呈淡绿色或边缘淡黄色,先端有小尖头;花萼管长约为 1 cm;花冠呈黄绿色,管长为2～2.5 cm,裂片呈披针形,长不及 2 cm;唇瓣中裂片呈长圆状倒卵形,短于花冠裂片,有紫色条纹及淡黄色斑点,侧裂片呈卵形,长约为 6 mm;雄蕊呈暗紫色,花药长约为 9 mm,药隔附属体钻状,长约为 7 mm。

图 2-112　生姜

◆ 性味、归经

辛,微温。入脾、肺、胃经。

◆ 功效

发表散寒,温中止呕,解毒。

◆ 成分

含多种挥发油,如 α-姜烯、β-水芹烯、β 甜没药烯、α 姜黄烯、樟烯、β 罗勒烯、月桂烯、β-蒎烯姜醇、β-檀香站醇、2-龙脑、异小茴香醇、紫苏醛、橙花醇、柠檬醛、六氢姜黄烯等;含多种辛辣成分,如高良姜萜内脂、3、4、5、6、8、10、12-姜辣醇,4、6、8、10-姜辣二醇,6、10-姜辣二酮,6、10-去氢姜辣二酮,6-乙酰姜辣醇和 6-姜辣烯酮等;还含天冬氨酸等多种氨基酸。

◆ 药理

具有镇吐、抗炎、镇痛、中枢神经兴奋与升压、抗病原体、松弛平滑肌、抗凝血、抗氧化作用;生姜煎剂对胃酸及胃液的分泌先抑制、后兴奋;干姜可显著使幼鼠胸腺萎缩等作用。

◆ 用量

马、牛:15～60 g;驼:30～90 g;猪、羊:5～15 g;犬、猫:3～8 g;兔、禽:1～3 g。

◆ 应用研究

(1)山楂、麦芽各 20 g,生姜、陈皮、苍术、黄精、板蓝根、白头翁各 10 g,大蒜、地榆各 5 g,混合粉碎,在 11～16 kg 的断奶仔猪基础日粮中添加 1%,饲喂 30 天后,仔猪增重比对照组高 17.9%,料肉比降低 9.27%。

(2)山楂、麦芽各 20 g,鸡内金、陈皮、苍术、石膏、板蓝根各 10 g,大蒜、生姜各 5 g,在肉兔的日粮中添加 1%,日增重提高 17.4%。

(3)生姜 500 g,捣碎,熬成 15000～2000 mL 姜汤,在母猪分娩前半个月,分 3～4 次拌料饲喂,不仅产仔成活率高,而且仔猪结实肥壮。冬春季节,将生姜烘干,加等量晒干的橘皮混合研粉,在猪饲料中添加 1%,有明显的催肥效果。

(4)女贞子 100 g、豆豉 50 g、生姜 30 g、菖蒲 50 g,水煎取汁给耕牛内服,每天 1 剂,连用 7 天,可使牛肥壮。

(5)神曲、干姜、茴香等中草药,在鸡的基础日粮中添加 0.3%,试验期 30 天,试验组每只鸡平均增重 545 g,对照组每只鸡平均增重 468 g,饲料利用率提高 4%～5%。

部分中药中文名和拉丁名对照表

序 号	中 文 名	拉 丁 名
1	贯众	Cyrtomii Rhizoma
2	松针	Pini Folium
3	柏子仁	Platycladi Semen
4	鸡冠花	Celosiae Cristatae Flos
5	桑白皮	Mori Cortex
6	桑叶	Mori Folium
7	葎草	Humuliscandentis Herba
8	火麻仁	Cannabis Fructus
9	辣蓼	Polygoni Herba
10	萹蓄	Polygoni Avicularis Herba
11	何首乌	Polygoni Multiflori Radix
12	大黄	Rhei Radix et Rhizoma
13	芜荑	Pasta Ulmi
14	苦楝皮	Meliae Cortex
15	大枣	Jujubae Fructus
16	酸枣仁	Ziziphi Spinosae Semen
17	南瓜子	Cucurbita Emoschatae Semen
18	石榴皮	Pericarpium Granati
19	月见草	Oenothera Radix
20	山茱萸	Corni Fructus
21	胡萝卜	Daucicarotae Radix
22	小茴香	Foeniculi Fructus

序号	中文名	拉丁名
23	防风	Saposhnikoviae Radix
24	柴胡	Bupleuri Radix
25	蛇床子	Cnidii Fructus
26	川芎	Chuanxiong Rhizoma
27	五加皮	Acanthopanacis Cortex
28	芍药	Paeonia Lactiflorap
29	白芍	Paeoniae Radix Alba
30	赤芍	Paeoniae Radix Rubra
31	牡丹皮	Moutan Cortex
32	白头翁	Pulsatillae Radix
33	黄连	Coptidis Rhizoma
34	枇杷叶	Eriobotryae Folium
35	木瓜	Chaenomelis Fructus
36	地榆	Sanguisorbae Radix
37	乌梅	Mume Fructus
38	仙鹤草	Agrimoniae Herba
39	山楂	Crataegi Fructus
40	桃仁	Persicae Semen
41	苦杏仁	Armeniacae Semen Amarum
42	合欢花	Albiziae Flos
43	合欢皮	Albiziae Cortex
44	决明子	Cassiae Semen
45	落花生	Arachidis Hypogaeae Semen
46	补骨脂	Psoraleae Fructus
47	胡芦巴	Trigonellae Semen
48	白扁豆	Lablab Semen Album
49	苜蓿	Medicaginis Sativae Herba
50	绿豆	Vignae Radiatae Semen
51	甘草	Glycyrrhizae Radix
52	苦参	Sophorae Flavescentis Radix
53	葛根	Puerariae Radix
54	赤小豆	Vignae Semen

序号	中 文 名	拉 丁 名
55	黄芪	Astragali Radix
56	蒺藜	Tribuli Fructus
57	黄柏	Phellodendri Cortex
58	陈皮	Citri Reticulatae Pericarpium
59	紫花地丁	Violae Herba
60	马齿苋	Potulacae Herba
61	荷叶	Nelumbinis Folium
62	莱菔子	Raphani Semen
63	杜仲	Eucommiae Cortex
64	马鞭草	Verbenae Herba
65	亚麻子	Lini Semen
66	秦皮	Fraxini Cortex
67	连翘	Forsythiae Fructus
68	女贞子	Ligustri Lucidi Fructus
69	龙胆草	Gentianae Radix
70	徐长卿	Cynanchi Paniculati Radix et Rhizoma
71	栀子	Gardeniae Fructus
72	菟丝子	Cuscutae Semen
73	黄荆子	Viticis Negundo Fructus
74	泽兰	Lycopi Herba
75	丹参	Salviae Miltiorrhizae Radix et Rhizoma
76	荆芥	Schizonepetae Herba
77	薄荷	Menthae Herba
78	紫苏叶	Perillae Folium
79	紫苏梗	Perillae Caulis
80	益母草	Leonuri Herba
81	黄芩	Scutellariae Radix
82	藿香	Agastachis Herba
83	枸杞子	Lycii Fructus
84	辣椒	Capsici Fructus
85	玄参	Scrophulariae Radix
86	泡桐叶	Pauplowniae Folium

序 号	中 文 名	拉 丁 名
87	熟地黄	Rehmanniae Radix Preparata
88	穿心莲	Andrographis Herba
89	脂麻	Sesami Semen Nigrum
90	车前草	Plantaginis Herba
91	车前子	Plantaginis Semen
92	金银花	Lonicerae Japonicae Flos
93	续断	Dipsaci Radix
94	桔梗	Platycodonis Radix
95	党参	Codonopsis Radix
96	鹤虱	Carpesii Fructus
97	旱莲草	Ecliptae Herba
98	鹅不食草	Centipedae Herba
99	艾叶	Artemisiae Argyi Folium
100	千里光	Senecionis Scandentis Herba
101	青蒿	Artemisiae Annuae Herba
102	菊花	Chrysanthemi Flos
103	白术	Atractyllodis Macrocephalae Rhizoma
104	红花	Carthami Flos
105	蒲公英	Taraxaci Herba
106	泽泻	Alismatis Rhizoma
107	芦荟	Aloe
108	黄精	Polygonati Rhizoma
109	韭菜子	Allium Tuberosi Semen
110	大蒜	Allii Sativi Bulbus
111	百合	Lilii Bulbus
112	麦冬	Ophiopogonis Radix
113	川贝母	Fritillariae Cirrhosae Bulbus
114	直立百部	Stemonae Radix
115	大麦	Hordei Germinatus Fructus
116	香附	Cyperi Rhizoma
117	石菖蒲	Acori Tatarinowii Rhizoma
118	生姜	Zingiberis Rhizoma Recens

参 考 文 献

[1] 徐乔.生物多样性视角下林源药用植物资源可持续发展研究[D].南京:南京林业大学,2019.

[2] 杨淑珍,王强.牛传染性弯曲杆菌病的诊断和防控措施[J].现代畜牧科技,2017(9):78-78.

[3] 孙禹,王金鑫.中草药添加剂在家禽生产中的研究进展[J].饲料研究,2023,46(2):136-139.

[4] 程敏,文帅,何军,等.商南县重点药用植物资源的种类与分布概况[J].陕西中医药大学学报,2017,40(5):105-111.

[5] 陈瑾,谢景昊,韩莹倩,等.地锦草水提物在IPEC-J2细胞中的抗炎与抗氧化作用[J].中国畜牧兽医,2023,50(2):704-712.

[6] 李士伟.52种中药多糖的单糖组成分析及贝母属药材多糖的质量评价研究[D].长春:长春中医药大学,2022.

[7] 许斌洋,冯馨仪,祁伟亮,等.广安市华蓥山国家森林公园石林景区野生药用植物资源调查与研究[J].中国野生植物资源,2022,41(12):91-97.

[8] 温博贵.国外中草药研究的近况[J].汕头大学医学院学报,1997(S1):125-126.

[9] 唐黎,龚芦玺,姜海波,等.杂交鲟鱼中草药免疫增强剂的体外快速筛选研究[J].贵州畜牧兽医,2018,42(6):5-9.

[10] 罗海燕,李海燕,宋晓璐."药都"亳州养生文化对外传播的策略研究[J].安徽职业技术学院学报,2016,15(4):47-50.

[11] 张雅娟,姜云耀.中药材质量的研究方法和进展[J].中医药学报,2021,49(7):106-112.

[12] 朱熙春.基于种养结合的海原县草畜平衡可持续发展研究[D].咸阳:西北农林科技大学,2022.

[13] 何家庆.皖北资源植物志[M].北京:中国农业出版社,2001:1-530.

[14] 胡元亮.中药饲料添加剂的开发与应用[M].2版.北京:化学工业出版社,2017:88-195.

[15] 国家药典委员会.中华人民共和国药典[M].11版.北京:中国医药科技出版社,2020:1-648.

[16] 汪小全,吴慧.植物科学数据中心[EB/OL].(2021-12-28).https://www.plantplus.cn/cn.

[17] 罗彦平.中国野生植物利用产业发展分析及对策研究[D].北京:北京林业大学,2009.

[18] 宋长有,丁常宏,王守宇,等.黑龙江省绥滨县药用植物资源调查[J].农技服务,2023,40(1):54-59.

[19] 王诚,董桂红,何荣彦,等.不同方式处理的全株玉米青贮饲料对肉牛生长性能及经济效益的影响[J].中国动物保健,2023,25(2):103-104,106.

[20] 訾云飞,訾占飞,冯敏,等.中草药防治畜禽球虫病的研究进展[J].畜牧与饲料科学,2019,40(2):94-97.

[21] 刘子暄,王小莺,严明.中草药饲料添加剂对乌骨鸡生产性能与黑色素含量的影响[J].中兽医学杂志,2010(3):16-19.

[22] 刘渤涛.中草药饲料添加剂对白羽肉鸡生长性能和肉质风味的影响[D].兰州:甘肃农业大学,2007:47-47.

[23] 何家庆.皖北资源植物志[M].北京:中国农业出版社,2001:1-530.

[24] 胡元亮.中药饲料添加剂的开发与应用[M].2版.北京:化学工业出版社,2017:88-195.

[25] 国家药典委员会.中华人民共和国药典[M].11版.北京:中国医药科技出版社,2020.

[26] 董金廷,侯学良.淮北植物[M].北京:中国环境科学出版社,1998:1-535.

[27] 《安徽植物志》协作组.安徽植物志:1—5卷[M].合肥:安徽科学技术出版社,1985-1992.

[28] 刘春生,谷巍.药用植物学[M].5版.北京:中国中医药出版社,2021:1-299.

[29] 蔡少青,秦路平.生药学[M].7版.北京:人民卫生出版社,2016:1-332.

[30] 刘春宇,陆叶,尹海波.药用植物学与生药学[M].苏州:苏州大学出版社,2014:1-411.

[31] 郑汉臣,蔡少青.药用植物学与生药学[M].4版.北京:人民卫生出版社,2003:1-632.

[32] 彭康,张明柱.中药学[M].2版.北京:科学出版社,2017:.

[33] 黄宝康.药用植物学[M].7版.北京:人民卫生出版社,2016:1-256.

[34] 王德群,谈献和.药用植物学[M].北京:科学出版社,2011:1-314.